神农架国家公园石松类和蕨类植物图鉴

Lycophytes and Ferns of Shennongjia National Park

张宪春　杨林森　主编

河 南 科 学 技 术 出 版 社

· 郑州 ·

图书在版编目（CIP）数据

神农架国家公园石松类和蕨类植物图鉴 / 张宪春，杨林森主编. — 郑州：河南科学技术出版社，2024.5

ISBN 978-7-5725-1499-9

Ⅰ. ①神… Ⅱ. ①张… ②杨… Ⅲ. ①石松纲—神农架—图集 ②蕨类植物—神农架—图集 Ⅳ. ①Q949.36-64

中国国家版本馆CIP数据核字（2024）第074412号

出版发行：河南科学技术出版社

地址：郑州市郑东新区祥盛街27号　邮编：450016

电话：（0371）65737028　65788613

网址：www.hnstp.cn

邮箱：hnstpnys@126.com

策划编辑：陈淑芹

责任编辑：陈淑芹

责任校对：王晓红

封面设计：张　伟

责任印制：徐海东

印　　刷：河南瑞之光印刷股份有限公司

经　　销：全国新华书店

开　　本：889 mm × 1 194 mm　1/16　印张：18.5　字数：470千字

版　　次：2024年5月第1版　2024年5月第1次印刷

定　　价：248.00元

《神农架国家公园石松类和蕨类植物图鉴》编写委员会

主编单位 中国科学院植物研究所
神农架国家公园管理局

主　　编 张宪春　杨林森

副 主 编 丁乾坤　卫　然　张梦华　梁思琪　余辉亮

编　　委（按姓氏笔画排序）

马国飞　王　敏　王　韬　王志先　韦金鑫
邓龙强　龙水枝　向睿晨　刘荣平　杜　华
李　强　杨万吉　肖杨萍　吴　广　吴　锋
张　敏　陈金鑫　陈俊虎　陈庸兴　邵　鹏
邵荣虎　金胶胶　周　捷　屈万国　孟　辉
赵玉诚　赵本元　胡　程　钟　权　姜治国
姚　辉　莫家勇　黄天鹏　黄全坤　梅玉娇
谢晓林　熊欢欢　黎宏林

前言

神农架位于湖北省西部，地理位置处在中国地势第二阶梯的东部边缘，是西部高原山地向东部丘陵、平原的过渡区域，属于大巴山脉向东延伸的余脉，为长江与汉水干流的分水岭。神农架地区地势总体西南高东北低，山脉近东西走向，山峰多在海拔 1 500 m 以上。神农架处于扬子准地层区的大巴山 – 大洪山分区，地层出露以由白云岩、砂岩、板岩及玄武质火山岩组成的中元古界神农架群和由海相碳酸盐岩、碎屑岩组成的前寒武系地层为主。地貌属中国地貌区划的“大巴山中山与低山”和湖北地貌区划的“神农架侵蚀构造高山地貌小区”三级地貌单元，地貌类型主要包括山地地貌、流水地貌、岩溶地貌与冰川地貌。该地区属于北亚热带季风气候区，是亚热带气候向温带气候的过渡区域，年降水量在 800 ~ 2 500 mm 之间。神农架林区地理范围在东经 109°56′ ~ 110°58′，北纬 31°15′ ~ 31°75′，总面积 3 253 km^2；境内平均海拔 1 700 m，3 000 m 以上的山峰一共有 6 座，其中最高峰为神农顶，海拔为 3 106.2 m。该区域的海拔落差较大，植被垂直带谱明显，地形地貌多样，植被类型丰富，为不同生态类型的石松类和蕨类植物提供了合适的生存环境。

在国家植物标本资源平台中心和神农架金丝猴保育生物学湖北省重点实验室联合资助下，中国科学院植物研究所和神农架国家公园管理局科学研究院组成考察队，在 2021 年 6 月和 9 月对神农架国家公园及周边地区进行了两次全面的野外考察，共采集到了石松类和蕨类植物标本 900 余号，结合对馆藏历史标本的查阅和鉴定，并参考《中国植物志》和《神农架植物志》的记载，采用当下石松类和蕨类的科属概念（部分属的概念仍然依照《中国植物志》处理），完成了《神农架国家公园石松类和蕨类植物图鉴》一书的编写，记载神农架石松类和蕨类植物 22 科 68 属 295 种（含种下等级）。其中，湖北省新记录 1 种：欧亚铁角蕨 Asplenium viride；神农架新记录包括九龙卷柏 Selaginella jiulongensis 等 42 种。

该书记载的物种均产自神农架国家公园范围内，一些周边分布的物种，随着进一步的调查在国家公园内也可能有分布；一些过去报道的物种存在错误鉴定或没有标本凭证的，在本书中也给以指出。

感谢神农架国家公园管理局领导和各保护站在野外考察和标本采集

上给予的支持，张代贵先生和甘啟良先生参加了第一次考察，张钢民教授和左正裕博士鉴定了凤了蕨属和鳞毛蕨属的疑难标本，David Boufford 协助查对阿诺德树木园标本馆的有关标本，张代贵、黄尔峰、韦宏金、甘啟良、陈庸兴先生提供部分照片。

该项目得到了湖北神农架国家公园石松类和蕨类植物资源调查项目（SNJGKL202001）和国家植物标本资源库建设运行项目（E0117G1001）的资助。

编者

2023 年 7 月

目 录

一、石松类植物

二、蕨类植物

一、石松类植物

1. 石松科 Lycopodiaceae

石杉属 Huperzia Bernh.

中华石杉 **Huperzia chinensis** (Hert. ex Ness.) Ching

《神农架植物志》1: 21, f. 1-1. 2017，记载产于神农架红河地区冷杉林下或石缝中，海拔 2 500 ~ 3 000 m，本次考察未见。

峨眉石杉 **Huperzia emeiensis** (Ching & H. S. Kung) Ching & H. S. Kung

多年生土生植物。茎直立或斜升，二至四回二叉分枝，枝上部常有很多芽胞。叶螺旋状排列，密生，反折，平伸或斜向上，线状披针形，基部与中部近等宽，近通直，基部截形，下延，无柄，先端渐尖，边缘平直不皱曲，全缘，两面光滑，无光泽，中脉不明显，草质。孢子叶与营养叶同形，孢子囊生于孢子叶的叶腋，外露或两端露出，肾形，黄色。

海拔：1 400 ~ 1 800 m

鄂神农架植考队 31313 (HIB)；中美联合鄂西植物考察队 1386 (HIB)

千层塔（长柄石杉） **Huperzia javanica** (Sw.) C. Y. Yang

Huperzia crispate auct. non (Ching) Ching: J. Arn. Arb. 64: 17. 1983.

茎直立或斜向上；孢子叶和营养叶同形，营养叶稀疏，在茎上呈直角着生。叶椭圆形或倒阔披针形，中部或中上部最宽；叶片背面中脉不明显；叶片基部明显狭缩下延，叶基楔形，有柄；叶边缘不皱曲，具不规则锯齿，叶尖急尖。孢子叶稀疏，椭圆形或披针形，中脉不明显，叶尖急尖，叶基楔形，下延，有柄；在茎上呈直角着生或稍下弯曲，边缘具不规则锯齿。

海拔：495 ~ 800 m

D. E. Boufford et al. 43827 (PE)；张宪春等 11916 (PE)；张代贵 zdg4271 (JIU)；中美联合鄂西植物考察队 1974 (A)

南川石杉 **Huperzia nanchuanensis** (Ching & H. S. Kung) Ching & H. S. Kung

《神农架植物志》1: 21, 2017，记载产于神农架海拔 800 ~ 2 800 m 的山坡草地、林缘或树干上，本次考察未见。

四川石杉 **Huperzia sutchueniana** (Hert.) Ching

《神农架植物志》1: 22, f. 1–5. 2017，记载产于神农架各地，本次考察未见。

石松属 **Lycopodium** L.

杉蔓石松（多穗石松）**Lycopodium annotinum** L.

多年生土生植物。匍匐茎细长横走，绿色，叶稀疏。侧枝斜立，一至三回二叉分枝，圆柱状。叶螺旋状排列，密集，平伸或近平伸，披针形，基部楔形，下延，无柄，先端渐尖，不具透明发丝，边缘有锯齿或近全缘，革质，中脉腹面可见，背面不明显。孢子叶穗单生于小枝顶端，直立，圆柱形，无柄；孢子叶阔卵状，先端急尖，边缘膜质；孢子囊生于孢子叶的叶腋，内藏，圆肾形，黄色。

海拔：1 650 ~ 2 820 m

向巧萍等 12366 (PE)，12374 (PE)，12396 (PE)，12461 (PE)；236-6 队 2113 (PE)；鄂神农架植考队 31402 (PE)，31785 (PE)；张代贵 zdg7498 (JIU)，zdg7540 (JIU)

石松 **Lycopodium japonicum** Thunb.

多年生土生植物。匍匐茎地上生，细长横走，二至三回分叉，绿色，被稀疏的叶。侧枝直立，高达 40 cm，多回二叉分枝，稀疏，压扁状（幼枝圆柱状）。叶螺旋状排列，密集，上斜，披针形或线状披针形，基部楔形，下延，无柄，先端渐尖，具透明发丝，边缘全缘，草质，中脉不明显。孢子叶穗 4 ~ 8 个集生于一直立的总柄上，总柄上苞片螺旋状稀疏着生；孢子叶阔卵形，先端具芒状长尖头，边缘膜质，啮蚀状，纸质；孢子囊生于孢子叶腋，略外露，圆肾形，黄色。

海拔：495 ~ 1 620 m

张代贵 zdg7541 (JIU)，y0907030023 (JIU)；张梦华等 11689 (PE)；张宪春等 11904 (PE)，12616 (PE)

玉柏 **Lycopodium juniperoideum** Sw.

Lycopodium obscurum f. *strictum* (Milde) Nakai ex Hara

Lycopodium verticale Li Bing Zhang in Fl. China 2–3: 29. 2013; Fl. Shennongjia 1: 25, f. 1–9. 2017.

多年生土生植物。匍匐茎地下生，细长横走，棕黄色，光滑或被少量的叶。侧枝斜立，下部不分枝，顶部二叉分枝，分枝密接。叶螺旋状排列，稍疏，斜立或近平伸，线状披针形，基部楔形，下延，无柄，先端渐尖，具短尖头，边缘全缘，中脉略明显。孢子叶穗单生于小枝顶端，直立，圆柱形，无柄；孢子叶阔卵状，先端急尖，边缘膜质，具啮蚀状齿；孢子囊生于孢子叶的叶腋，内藏，圆肾形，黄色。

海拔：1 700 m

矮小扁枝石松 **Lycopodium veitchii** Christ

土生草本植物。主茎匍匐状。侧枝近直立，多回不等位二叉分枝，小枝连叶圆柱状，无背腹之分。叶螺旋状排列，密集，叶线状披针形至披针形，不紧贴小枝，无柄，先端渐尖，略内弯，边缘全缘，草质。孢子囊穗单生于孢子枝顶端，圆柱形，淡黄色；孢子叶卵形，覆瓦状排列，先端长渐尖，边缘膜质，具不规则锯齿；孢子囊生于孢子叶腋，内藏，圆肾形，黄色。

海拔：2 600 m

张代贵等 zdg7499 (JIU)；59116 部队 2114 (PE)

垂穗石松属 **Palhinhaea** Franco & Vasc.

垂穗石松 **Palhinhaea cernua** (L.) Vasc. & Franco

《神农架植物志》1: 25, f. 1–10. 2017，记载神农架低海拔地区有分布，本次考察未见。

马尾杉属 **Phlegmariurus** Hert.

福氏马尾杉 **Phlegmariurus fordii** (Baker) Ching

Phlegmariurus petiolatus auct. non (C. B. Clarke) C. Y. Yang: Fl. Shennongjia 1: 23, f. 1–6. 2017.

中型附生植物。茎簇生，成熟枝下垂，一至多回二叉分枝，长 20 ~ 30 cm。叶螺旋状排列，但因基部扭曲而呈二列状。营养叶椭圆状披针形，基部圆楔形，下延，无柄，无光泽，先端渐尖，中脉明显，革质，全缘。孢子囊穗比不育部分细瘦，顶生。孢子叶披针形或椭圆形，基部楔形，先端钝，中脉明显，全缘。孢子囊生于孢子叶腋，肾形，2 瓣开裂，黄色。

《神农架植物志》记载的有柄马尾杉实属本种，本次考察未见。有柄马尾杉的营养叶与孢子叶近似，叶在叶轴无明显的大小界线，渐变式缩小；营养叶基部楔形或宽楔形，与叶轴的夹角小于 45°，具短柄，顶端渐尖，偶有圆钝。福氏马尾杉的营养叶与孢子叶在叶轴分布上有明显的界线，营养叶排列紧密，与叶轴的夹角小于 25°，椭圆状披针形，先端渐尖，长宽比大于 5 : 1。

2. 卷柏科 Selaginellaceae

卷柏属 **Selaginella** P. Beauv.

布朗卷柏 **Selaginella braunii** Baker

Selaginella stauntoniana auct. non Spring: Fl. Shennongjia 1: 30, f. 2–10. 2017.

土生或石生，直立。主茎从中部或上部开始分枝；茎通常被毛。叶除主茎上的外全部交互排列，二型，质地较厚，表面光滑，皱缩，不具白边。不分枝主茎的叶常远离，一型。分枝上的腋叶对称，长椭圆形、狭椭圆形或长圆形，边缘近全缘或具微细齿或具短睫毛，基部无耳。分枝上的中叶狭椭圆形或镰形，不呈龙骨状，叶尖渐尖，基部斜楔形或渐狭，边缘近全缘。侧叶不对称，卵状三角形或长圆镰形，斜向上，叶尖急尖或具短尖头，边缘近全缘，略内卷。孢子叶穗紧密，四棱柱形，单生于小枝末端，孢子叶一型。大孢子白色，小孢子淡黄色。

海拔：300 ~ 600 m

鄂神农架植考队 30976 (PE)；236-6 队 2333 (PE)；张梦华等 11794 (PE)

蔓出卷柏 **Selaginella davidii** Franch.

土生或石生，匍匐。主茎羽状分枝。叶交互排列，二型，草质，具白边，不分枝主茎上的叶排列紧密，较分枝上的大，边缘具细齿。分枝上的腋叶对称或不对称，卵状披针形，边缘具微齿；主茎上的中叶和侧叶大于侧枝上的，侧枝上的中叶斜卵形，背部不呈龙骨状，先端向后弯曲，具芒；分枝上的侧叶长圆状卵形，先端尖或钝，具微齿。孢子叶穗紧密，四棱柱形，单生于小枝末端；孢子叶一型，边缘有细齿，具白边，先端具芒。大孢子白色，小孢子橘黄色。

海拔：500 ~ 1 250 m

张梦华等 11747 (PE)；张宪春等 11840 (PE)，11995 (PE)，12013 (PE)，12508 (PE)

薄叶卷柏 **Selaginella delicatula** (Desv. ex Poir.) Alston

土生，直立或近直立。叶交互排列，二型，表面光滑，边缘全缘，具白边。主茎上的营养叶较分枝上的大。分枝上的腋叶不对称或近对称，窄椭圆形，边缘全缘。分枝上的中叶斜，窄椭圆形或镰形，不对称，背部不呈龙骨状，先端渐尖或急尖，基部偏斜，边缘全缘。分枝上的侧叶长圆状卵形或长圆形，不对称，先端急尖或具短尖头，具微齿，其余部分全缘。孢子叶穗紧密，四棱柱形，单生于小枝末端；孢子叶一型，宽卵形，边缘全缘，具白边，先端渐尖；大孢子叶分布于孢子叶穗中部的下侧。大孢子白色或褐色，小孢子橘红色或淡黄色。

海拔：520 m

张宪春等 11813 (PE)

异穗卷柏 Selaginella heterostachys Baker

土生或石生，直立或匍匐。主茎羽状分枝。叶全部交互排列，二型，草质，边缘不为全缘，不具白边。主茎上的腋叶较分枝上的大，分枝上的腋叶对称，卵形或长圆形，边缘有细齿。分枝上的中叶卵形或卵状披针形，不对称，背部不呈龙骨状，边缘具微齿。分枝上的侧叶长圆状卵圆形，不对称，先端急尖，边缘有细齿。孢子叶穗紧密，背腹压扁，单生于小枝末端；孢子叶二型，上侧的孢子叶背部不呈龙骨状，下侧的孢子叶龙骨状，边缘具缘毛。大孢子、小孢子均橘黄色。

海拔：350 ~ 700 m

张梦华等 11797 (PE)；张宪春等 11821 (PE)，11919 (PE)，12018 (PE)，12510 (PE)

兖州卷柏 **Selaginella involvens** (Sw.) Spring

石生，直立。主茎自中部向上羽状分枝。叶交互排列，二型，边缘无白边，不分枝主茎上的叶边缘有细齿。主茎上的腋叶、中叶和侧叶均大于侧枝上的。分枝上的腋叶卵圆形到三角形，边缘有细齿；分枝上的中叶卵状三角形或卵状椭圆形，背部略呈龙骨状，具长尖头或短芒；分枝上的侧叶卵圆形到三角形，先端稍尖或具短尖头，边缘具细齿。孢子叶穗紧密，四棱柱形，单生于小枝末端；孢子叶一型，边缘具细齿，不具白边，先端锐龙骨状。大孢子白色或褐色，小孢子橘黄色。

海拔：1 370 ~ 1 650 m

张梦华等 11682 (PE)，11776 (PE)；张宪春等 11970 (PE)；B. Bartholomew et al. 624 (PE)，1360 (PE)；鄂神农架植考队 11878 (PE)；神农架队 20875 (PE)；X. C. Zhang 3338 (PE)

九龙卷柏 Selaginella jiulongensis (H. S. Kung, Li Bing Zhang & X. S. Guo) M. H. Zhang & X. C. Zhang

石生草本，植株匍匐。长 5 ~ 15 (~ 25) cm，通体分枝。腋叶卵形，边缘具睫毛，先端渐尖。中叶卵形或卵状披针形，叶缘具睫毛，基部钝形，先端渐尖、渐狭至尾状，通常反折。侧叶狭卵形至阔卵形，平展或略向后反折，叶缘具睫毛，基部钝形，上侧基部扩大，加宽，先端渐尖或渐狭至尾状。孢子叶穗松散或紧凑，单生或分叉，长达 57 mm，背腹压扁、四棱柱形或近圆柱形， 孢子叶二型或近同形，正置。大孢子橘黄色，小孢子橘红色。

海拔：2 200 ~ 2 880 m

向巧萍等 12388 (PE)，12464 (PE)；张宪春 3395 (PE)

细叶卷柏 **Selaginella labordei** Hieron. ex Christ

土生或石生，直立或基部横卧。主茎禾秆色或红色，自中下部开始羽状分枝。叶全部交互排列，边缘不为全缘，具白边。主茎上的营养叶较分枝上的大。分枝上的腋叶近对称，卵状披针形，边缘具齿或睫毛。分枝上的中叶卵形或卵状披针形，背部呈龙骨状，先端常向后反折，具芒，基部近心形，边缘具齿或睫毛。分枝上的侧叶卵状披针形或窄卵形到三角形，边缘具齿或睫毛（通常基部具睫毛），先端急尖。孢子叶穗紧密，背腹压扁，单生于小枝末端；孢子叶二型，具白边，龙骨状。大孢子浅黄色或橘黄色，小孢子橘红色或红色。

海拔：450 ~ 2 870 m

张梦华等 11778 (PE)；张宪春等 11843 (PE)，11865 (PE)，11961 (PE)，12020 (PE)，12033 (PE)，12600 (PE)，12719 (PE)；向巧萍等 12403 (PE)，12468 (PE)

膜叶卷柏 **Selaginella leptophylla** Baker

土生，直立。植株矮小，约 5 cm。叶全部交互排列，二型，膜质，边缘不为全缘，不具白边。主茎上的腋叶较分枝上的大，分枝上的腋叶对称，椭圆形，边缘具微齿；中叶对称，边缘具微齿，先端具芒，分枝上的中叶椭圆形或狭卵圆形；侧叶不对称，主茎上的大于侧枝上的，侧枝上的侧叶卵状披针形或长圆状卵圆形，先端急尖，上侧基部扩大加宽，覆盖小枝。孢子叶穗紧密，背腹压扁，单生于小枝末端；孢子叶二型，上侧的孢子叶边缘具微齿，叶尖近急尖或钝，下侧的孢子叶边缘具缘毛，叶尖具长芒。大孢子红褐色，小孢子橘红色。

海拔：700 ~ 870 m

张宪春等 12519 (PE)，12786 (PE)，12806 (PE)

江南卷柏 **Selaginella moellendorffii** Hieron.

土生或石生，直立。主茎中上部羽状分枝，无关节，禾秆色或红色。主茎上的腋叶不明显大于分枝上的腋叶，卵形或阔卵形，平截；分枝上的腋叶对称，卵形，边缘有细齿，具白边。分枝上的中叶卵圆形，覆瓦状排列，背部不呈龙骨状或略呈龙骨状，先端与轴平行或顶端交叉，并具芒，基部斜，近心形，边缘有细齿，具白边。侧叶不对称，主茎上的较侧枝上的大，分枝上的侧叶卵状三角形，略向上，排列紧密，先端急尖，边缘有细齿，具白边。孢子叶穗紧密，四棱柱形，单生于小枝末端；孢子叶一型，卵状三角形，边缘有细齿，具白边，先端渐尖，龙骨状。大孢子浅黄色，小孢子橘黄色。

海拔：520 ~ 1 300 m

张梦华等 11751 (PE)；张宪春等 11814 (PE)，12514 (PE)；B. Bartholomew et al. 1080 (PE)

伏地卷柏 **Selaginella nipponica** Franch. & Sav.

土生，匍匐草本，能育枝直立。无游走茎，茎自近基部开始分枝。叶全部交互排列，二型，草质，表面光滑，边缘非全缘，不具白边。腋叶卵状披针形或长椭圆形，边缘具齿，先端渐尖。中叶狭卵形、卵状披针形或长椭圆形，边缘具齿或近全缘，基部钝形，先端渐尖或急尖。侧叶阔卵形或卵状三角形，边缘具不明显齿，上侧基部扩大，加宽，先端急尖。孢子叶穗疏松，正置，背腹压扁，单生于小枝末端，一至三回分叉；孢子叶二型，不具白边，边缘具细齿，背部不呈龙骨状，先端渐尖。大孢子橘黄色，小孢子橘红色。

海拔：500 ~ 1 150 m

张梦华等 11765 (PE)，11798 (PE)；神农架队 20277 (PE)；B. Bartholomew et al. 845 (PE)

地卷柏 **Selaginella prostrata** (H. S. Kung) Li Bing Zhang

石生，匍匐。叶全部交互排列，二形，薄草质，表面光滑，边缘非全缘，不具白边。主茎上的腋叶较分枝上的大，卵状披针形，基部钝。中叶多少对称，分枝上的卵形或近心形，背部不呈龙骨状，先端具尖头或芒，基部钝，边缘疏具长睫毛。侧叶不对称，侧枝上的侧叶斜卵圆形，先端急尖或渐尖，上侧边缘疏具睫毛。孢子叶穗紧密，背腹压扁，单生于小枝末端，偶有分叉；孢子叶明显二形，正置，不具白边，上侧的孢子叶卵圆形，下侧的孢子叶宽，长圆状卵形，背部不呈龙骨状。大孢子浅黄色或橙色；小孢子橘红色。

海拔：1 270 ~ 1 390 m

张梦华等 11724 (PE)，11777 (PE)；金摄郎等 JSL7696B (CSH)

秦巴卷柏 **Selaginella pulvinata** subsp. **qinbashanica** Jie Yang bis & X. C. Zhang

Selaginella pulvinata auct. non (Hook. et Grev.) Maxim.: Fl. Shennongjia 1: 31, f. 2–11. 2017.

Selaginella tamariscina auct. non (P. Beauv.) Spring: Fl. Shennongjia 1: 31–32, f. 2–13. 2017.

土生或石生，旱生复苏植物，呈垫状。主茎自近基部羽状分枝，禾秆色或棕色，不具沟槽，光滑，有1条维管束。叶全部交互排列，二型，叶质厚，表面光滑，不具白边，主茎上的叶略大于分枝上的叶。分枝上的腋叶对称，卵圆形到三角形，边缘具睫毛；小枝上的叶斜卵形或三角形，背部不呈龙骨状，先端具芒，边缘撕裂状，并外卷。孢子叶穗紧密，四棱柱形，单生于小枝末端；孢子叶一型，不具白边，边缘撕裂状，具睫毛。大孢子黄白色或深褐色，小孢子浅黄色。

海拔：760 m

张宪春等 12801 (PE)

陕西卷柏 **Selaginella shensiensis** Christ

石生草本，植株匍匐或斜升。主茎通体分枝。腋叶卵形至披针形，先端急尖至渐尖，叶缘具长睫毛。中叶卵形至近圆形，叶缘具长睫毛，基部近圆形，先端细尖或骤尖，通常具睫毛。侧叶卵形，叶缘具睫毛，基部钝形，先端细尖或骤尖。孢子叶穗松散，生于分枝先端，单生或分叉，长 8 ~ 25 mm，四棱柱形或略背腹压扁，孢子叶二型或近同形，正置。大孢子橘黄色，小孢子橘红色。

海拔：1 240 ~ 1 390 m

张梦华等 11731 (PE)；张宪春等 12547 (PE)，12739 (PE)；张宪春 3343 (PE)

翠云草 **Selaginella uncinata** (Desv. ex Poir.) Spring

土生，主茎先直立而后攀缘状。叶全部交互排列，二型，草质，表面光滑，具虹彩，边缘全缘，明显具白边。主茎上的腋叶大于分枝上的，肾形或略心形；分枝上的腋叶对称，宽椭圆形或心形，中叶不对称，侧枝上的叶卵圆形，背部不呈龙骨状，先端与轴平行或交叉或常向后弯，长渐尖，基部钝，边缘全缘。侧叶不对称，分枝上的侧叶长圆形，外展，先端急尖或具短尖头，边缘全缘，上侧基部不扩大，不覆盖小枝，上侧边缘全缘，下侧基部圆形，下侧边缘全缘。孢子叶穗紧密，四棱柱形，单生于小枝末端；孢子叶一型，卵状三角形，边缘全缘，具白边，先端渐尖，龙骨状。大孢子灰白色或暗褐色，小孢子淡黄色。

海拔：350 m

张代贵 2012102204 (JIU)；张梦华等 11790 (PE)

鞘舌卷柏 **Selaginella vaginata** Spring

土生或石生，匍匐。叶全部交互排列，二型，草质，边缘不为全缘，略具白边。分枝上的腋叶卵状三角形，基部边缘具睫毛，其余部分近全缘。分枝上的中叶卵形或卵状披针形，背部略呈龙骨状，先端具尖头到芒，基部非盾状且边缘具长睫毛，上部边缘具短睫毛。侧叶不对称，侧枝上的侧叶卵状披针形或长圆状镰形，外展或反折，先端急尖。孢子叶穗紧密，背腹扁平，单生于小枝末端或成对着生；孢子叶二型，上侧的孢子叶具孢子叶翼，下侧的孢子叶边缘具缘毛，龙骨状。大孢子浅黄色或橘黄色，小孢子橘红色。

海拔：1 190 ~ 1 620 m

X. C. Zhang 3355 (PE)；张梦华等 11697 (PE)，11739 (PE)；向巧萍等 12358 (PE)；张宪春等 11908 (PE)，12595 (PE)，12713 (PE)，12762 (PE)

二、蕨类植物

1. 木贼科 Equisetaceae

木贼属 Equisetum L.

问荆 Equisetum arvense L.

中小型植物。根茎斜升，直立或横走，黑棕色。地上枝当年枯萎。枝二型，能育枝春季先萌发，黄棕色，无轮茎分枝，脊不明显。不育枝后萌发，节间绿色，主枝中部以下有较多的轮生分枝；脊的背部弧形，无棱，有横纹，无小瘤；鞘筒狭长，绿色，鞘齿三角形，5 ~ 6 枚，中间黑棕色，边缘膜质，淡棕色，宿存。孢子囊穗圆柱形，顶端钝，成熟时柄长 3 ~ 6 cm。

海拔：580 ~ 2 000 m

张宪春等 11991 (PE)，12651 (PE)；鄂神农架植考队 30632 (PE)，32560 (PE)；向巧萍等 12438 (PE)

披散木贼 **Equisetum diffusum** D. Don

中小型植物。根茎横走，直立或斜升，黑棕色。地上枝当年枯萎。枝一型，节间绿色，但下部 1 ~ 3 节节间黑棕色。主枝有 4 ~ 10 条脊，脊的两侧隆起成棱伸达鞘齿下部，每棱各有 1 行小瘤伸达鞘齿；鞘筒狭长，下部灰绿色，上部黑棕色；鞘齿 5 ~ 10 枚，革质，黑棕色，宿存。孢子囊穗圆柱状，顶端钝，成熟时柄长 1 ~ 3 cm。

海拔：1 600 m

236-6 队 2655 (PE)

溪木贼 Equisetum fluviatile L.

大型植物。根状茎横走或直立，栗棕色，节上长栗棕色须根。地上枝多年生。枝一型，空心，主枝下部 1 ~ 3 节节间红棕色，主枝上部禾秆色或灰绿色，无轮生分枝或具远较主枝纤细而短的轮生分枝。主枝有 14 ~ 20 条脊，脊的背部弧形，平滑且有浅色小横纹；鞘筒狭长，淡棕色；鞘齿 14 ~ 20 枚，披针形，黑棕色，宿存。孢子囊穗短棒状或椭圆形，顶端钝，成熟时柄长 1.2 ~ 2.0 cm。

海拔：1 752 m

张宪春等 12056 (PE)，12066 (PE)

木贼 **Equisetum hyemale** L.

大型植物。根茎横走或直立，黑棕色。地上枝多年生。枝一型，节间绿色，不分枝或基部有少数直立的侧枝。地上枝有 16 ~ 22 条脊，脊的背部弧形或近方形，无明显小瘤或有 2 行小瘤；鞘筒黑棕色，或顶部及基部各有一黑棕色圈，或仅顶部有一黑棕色圈；鞘齿 16 ~ 22 枚，披针形，顶端淡棕色，下部黑棕色，早落。孢子囊穗卵状，顶端有小尖突，无柄。

海拔：850 ~ 2 290 m

张梦华等 11712 (PE)；张宪春等 12632 (PE)，12647 (PE)；神农架植物考察队 11917 (PE)；鄂神农架植考队 30559 (PE)；神农架队 21692 (PE)，22779 (PE)；中美联合鄂西植物考察队 141 (PE)

节节草 **Equisetum ramosissimum** Desf.

Equisetum diffusum auct. non. D. Don: Fl. Shennongjia 1: 35, f. 1–2. 2017.

中小型植物。根茎直立、横走或斜升，黑棕色。枝一型，节间绿色；主枝较细，幼枝的轮生分枝明显，多在下部分枝，常形成簇生状。主枝有 5 ~ 14 条脊，脊的背部有 1 行小瘤或有浅色小横纹；鞘筒下部灰绿色，上部灰棕色；鞘齿 5 ~ 12 枚，三角形，灰白色或少数中央为黑棕色，边缘为膜质，宿存。孢子囊穗短棒状或椭圆形，顶端有小尖突，无柄。

海拔：300 ~ 1 570 m

傅国勋等 1101 (PE)；张宪春等 11907 (PE)，12789 (PE)

2. 瓶尔小草科 Ophioglossaceae

小阴地蕨属 **Botrychium** Sw.

扇羽阴地蕨 **Botrychium lunaria** (L.) Sw.

根状茎短而直立，具肉质几不分枝的粗根。总叶柄淡绿色，光滑无毛，基部有棕色托叶状的苞片。不育叶阔披针形，圆头，基部不变狭，一回羽状；羽片 4 ~ 6 对，对生或近于对生，扇形、肾圆形或半圆形，无柄，与中轴多少合生，边缘全缘、波状或多少分裂，向顶部的羽片较小，合生；叶半肉质，干后淡绿色。叶脉扇状分离，隐约可见。能育叶自不育叶片的基部抽出，孢子囊穗 2 ~ 3 次分裂，为狭圆锥形，直立，光滑无毛。

未采标本。

劲直阴地蕨 **Botrychium strictum** Underw.

根状茎短，直立，具粗健肉质的长根。总叶柄淡绿色，向上有稀疏的白色长毛。不育叶片为广三角形，三回羽状深裂或近于三回羽状；侧生羽片 7 ~ 9 对，对生，斜出，除基部一对外其余无柄，基部 1 对最大；一回小羽片互生，或下部的近于对生，下先出；末回小羽片或裂片长圆形，浅裂或为粗锯齿；叶为薄草质，叶脉羽状。能育叶自不育叶的基部生出，长几等于不育叶或较短；孢子囊穗线状披针形，一回羽状，小穗密集，光滑无毛；孢子囊圆球形，黄绿色。

海拔：1 280 ~ 1 400 m

张宪春等 12560 (PE)，12717 (PE)；X. C. Zhang 3402 (PE)；B. Bartholomew et al. 1686 (PE)；鄂神队 23255 (PE)

华东阴地蕨 **Botrychium japonicum** (Prantl) Underw.

根状茎短而直立，有一簇粗健的肉质根。总叶柄短，细瘦，淡白色。不育叶片为阔三角形，短尖头，三回羽状分裂；侧生羽片 3 ~ 4 对，几对生或近互生，有柄，基部 1 对最大；一回小羽片有柄，几对生，基部下方 1 片较大，稍下先出；末回小羽片为长卵形至卵形，边缘有不整齐的细而尖的锯齿密生。叶干后为绿色，厚草质，遍体无毛，叶脉不显。能育叶有长柄，远远高于不育叶之上；孢子囊穗为圆锥状，二至三回羽状，小穗疏松，略张开，无毛；孢子囊圆球形，黄色。

海拔：1 210 ~ 1 470 m

张宪春等 12627 (PE)，12761 (PE)；金摄郎等 JSL7708B (CSH)

蕨萁 **Botrychium virginianum** (L.) Sw.

根状茎短而直立，有一簇不分枝的肉质粗根。总叶柄略有长毛，基部有棕色托叶状的苞片。不育叶阔三角形，顶端为短尖头，三回羽状至四回羽裂；侧生羽片互生或近对生，基部1对最大；一回小羽片近对生，上先出，有短柄，短尖头，二回羽状到三回羽裂；二回小羽片长圆披针形，无柄，并以狭翅沿中肋两侧下延，深羽裂；末回裂片狭长圆形，有长而粗的尖锯齿。叶为薄草质，干后绿色，叶脉可见。能育叶自不育叶片的基部抽出，高出不育叶；孢子囊穗为复圆锥状，略具疏长毛；孢子囊圆球形，橙黄色。

海拔：1 278 ~ 1 700 m

张梦华等 11696 (PE)，11708 (PE)，11726 (PE)；张代贵 zdg6724 (JIU)；神农架队 21646 (PE)，22715 (PE)；鄂神农架植考队 20142 (PE)，30044 (PE)；鄂神队 22940 (PE)

瓶尔小草属 Ophioglossum L.

心脏叶瓶尔小草 Ophioglossum reticulatum L.

植株通常高 20 cm 以上。根状茎短，直立，其上有少数肉质根。总叶柄长 4 ~ 8 cm，淡绿色，向基部为灰白色。不育叶为卵形或卵圆形，先端圆或近于钝头，基部深心脏形，有短柄，边缘多少呈波状，草质，叶脉网状。能育叶自不育叶柄的基部生出，孢子囊穗狭线形，纤细。

海拔：1 500 m

神农架队 22672 (PE)；鄂神农架植考队 30858 (PE)

瓶尔小草 Ophioglossum vulgatum L.

《神农架植物志》1: 37, f. 2–1. 2017，记载产于神农架低海拔地区的河边林下草丛中，海拔 400 ~ 1 000 m，本次考察未见。

3. 紫萁科 Osmundaceae

紫萁属 Osmunda L.

分株紫萁 Osmunda cinnamomea var. asiatica Fernald

中型或大型土生蕨类。根状茎粗壮，横卧或斜升，无鳞片。叶簇生，二型，叶柄基部膨大；叶片幼时密被长而疏松的毛，成熟后脱落至几乎光滑。不育叶一回羽状，羽片羽状分裂，幼时被绒毛。能育叶的叶片退化；孢子囊着生在羽轴或小羽轴上；孢子囊群大，裸露。

海拔：1 737 m

张宪春等 12053 (PE)；张代贵 zdg6403 (JIU)

绒紫萁 **Osmunda claytoniana** L.

植株高 0.8 ~ 1.5 m。根状茎短粗。叶簇生，一型，幼时通体被淡棕色绒毛，以后逐渐脱落，叶柄红棕色；叶片长圆形，二回羽状深裂；羽片 18 ~ 25 对，对生或近对生，披针形，无柄；裂片 14 ~ 18 对，长圆形，圆头，全缘。叶脉两面明显，但不甚隆起，小脉达于叶边。叶草质，干后为黄绿色，叶轴上多少有淡红色绒毛。基部 1 ~ 2 对不育羽片以上的羽片为能育，能育羽片 2 ~ 3 对，大大缩短，暗棕色，被淡红色绒毛。

海拔：1 279 ~ 2 760 m

向巧萍等 12370 (PE)；张代贵 zdg6717 (JIU)；鄂神农架植考队 10621 (PE)

紫萁 **Osmunda japonica** Thunb.

植株高达 1 m。根状茎短粗，斜升。叶簇生，二型，直立，柄禾秆色，幼时被密绒毛，不久脱落。不育叶为三角广卵形，顶部一回羽状，其下为二回羽状，羽片对生，长圆形，基部 1 对稍大，有柄；小羽片对生或近对生，无柄，分离，长圆形或长圆披针形，先端稍钝或急尖，向基部稍宽，圆形或近截形，边缘有均匀的细锯齿。叶脉两面明显，二回分叉，小脉达于锯齿。能育叶稍高于不育叶，羽片和小羽片均短缩，沿中肋两侧背面密生孢子囊。

海拔：1 250 ~ 1 600 m

张梦华等 11780 (PE)，11781 (PE)；鄂神农架植考队 31299 (PE)；神农架作物种质资源考察队 IV010081 (CCAU)；张代贵 ZZ110724804 (JIU)，zdg4739 (JIU)

4. 膜蕨科 Hymenophyllaceae

假脉蕨属 Crepidomanes C. Presl

翅柄假脉蕨 Crepidomanes latealatum (Bosch) Copel.

植株高约 3 cm。根状茎纤细，丝状，横走，分枝，暗褐色，全部密被褐色的短毛。叶远生，几无柄；叶片长卵形至阔披针形，二回羽裂；羽片约 5 对，互生，无柄，长圆形，深羽裂；末回裂片长圆状线形，4 ~ 6 对，密接，锐尖头，全缘。叶脉叉状分枝，两面稍隆起，无毛。沿叶缘无连续不断的假脉，在叶边与叶脉间有数条断续的假脉。叶为薄膜质，半透明，光滑无毛。叶柄、叶轴和羽轴全部有翅，翅的边缘有褶皱，无毛。孢子囊群生在叶片上部；囊苞椭圆形，基部稍狭，两侧有狭翅；孢子囊群托突出。

海拔：1 565 m

金摄郎 JSL7681 (CSH)

膜蕨属 **Hymenophyllum** J. Sm.

华东膜蕨 **Hymenophyllum barbatum** (Bosch) Baker

植株高 2 ~ 10 cm。根状茎纤细，长而横走，暗褐色，疏生淡褐色柔毛或几光滑。叶薄膜质，远生，叶柄暗褐色，全部或大部分有狭翅，疏被淡褐色柔毛；叶片卵形，先端钝圆，基部近心脏形，二回羽裂；羽片长圆形，互生，无柄；末回裂片线形，边缘有小尖齿。叶脉叉状分枝，两面明显隆起，与叶轴及羽轴正面同被褐色柔毛，末回裂片的小脉不达到裂片先端。叶轴暗褐色，全部有宽翅。孢子囊群生于叶片顶部，位于短裂片上；囊苞长卵形，圆头，先端有少数小尖齿。

海拔：1 750 m

鄂神农架植考队 11165 (PE)

多果蕗蕨（长柄蕗蕨）**Hymenophyllum polyanthos** (Sw.) Sw.

植株高 15 ~ 30 cm。根状茎长而横走，褐色，几光滑。叶薄膜质，远生，叶柄深褐色，光滑且无翅；叶片卵形至椭圆形，基部近心脏形，三回羽裂；羽片互生，有短柄，三角状卵形至长圆形，先端钝，基部斜楔形；小羽片互生，无柄，长圆形至阔楔形，先端钝至近截形，基部下侧下延；末回裂片互生，线形至长圆状线形，先端钝头或有浅缺刻，全缘。叶脉叉状分枝，两面稍隆起，褐色，无毛，末回裂片有 1 条小脉。叶轴及羽轴褐色，无毛，均有翅。孢子囊群生于裂片顶端；囊苞卵圆形，唇瓣深裂几达基部，其下的裂片变狭。

海拔：1 490 ~ 1 570 m

张代贵 zdg7622 (JIU)；张宪春等 12628 (PE)；金摄郎 JSL7682 (CSH)

瓶蕨属 Vandenboschia Copel.

南海瓶蕨 Vandenboschia striata (D. Don) Ebihara

植株高 15 ~ 40 cm。根状茎长，横走，黑褐色，密被黑褐色有光泽的多细胞节状毛。叶远生，薄膜质，无毛，叶柄暗褐色，上部光滑，两侧有翅几达基部；叶片长卵形至长圆披针形，先端渐尖，基部近心脏形，三回羽裂；一回小羽片互生，几无柄，斜向上，羽状深裂；二回小羽片互生，钝头；末回裂片狭线形，单一或分叉，圆头，全缘。叶脉叉状分枝，无毛，两面隆起。叶轴暗褐色，两侧全部有狭翅或狭边，几光滑无毛。孢子囊群生在二回小羽片腋间；囊苞管状，口部不膨大，两侧有极狭的翅。

海拔：520 m

张宪春等 11825 (PE)，11828 (PE)

5. 里白科 Gleicheniaceae

芒萁属 **Dicranopteris** Bernh.

芒萁 **Dicranopteris pedata** (Houtt.) Nakaike

根状茎横走，密被暗锈色长毛。叶远生，柄棕禾秆色，光滑，基部以上无毛；叶轴一至二回或多回分枝，各回分叉的腋间有1个密被锈色毛的休眠芽，并有1对托叶状的羽片。末回羽片披针形或宽披针形，向顶端变狭，尾状。裂片线状披针形，全缘，顶钝，常微凹。叶脉羽状，两面隆起，每组有3~4条小脉，伸达叶边。叶为纸质，正面黄绿色，背面灰白色，幼时沿羽轴及叶脉被锈色星状毛。孢子囊群圆形，由5~8个孢子囊组成。

未采标本。

里白属 **Diplopterygium** (Diels) Nakai.

中华里白 **Diplopterygium chinense** (Rosenst.) De Vol

根状茎横走，深棕色，被棕色鳞片。叶柄深棕色，被红棕色鳞片，后几变光滑。叶片巨大，二回羽状，羽片长圆形；小羽片披针形，互生，具极短的柄，羽状深裂；裂片互生，稍向上斜，顶圆，常微凹，边缘全缘，干后常内卷。中脉正面平，背面隆起，侧脉两面隆起。叶坚纸质，正面绿色，沿小羽轴被分叉的毛；背面灰绿色，沿中脉、侧脉及边缘密被星状柔毛，后脱落。孢子囊群圆形，位于中脉和叶缘之间，稍近中脉，着生于上侧小脉上，由 3～4 个孢子囊组成。

未采标本。

里白 **Diplopterygium glaucum** (Thunb. ex Houtt.) Nakai

根状茎横走，密被红棕色鳞片。叶远生，柄光滑，暗棕色；一回羽片对生，具短柄，长圆形，中部最宽，向顶端渐尖，基部稍变狭；小羽片近对生或互生，几无柄，线状披针形，顶端渐尖，基部截形，羽状深裂；裂片互生，平展，宽披针形，钝头，边缘全缘，干后稍内卷。叶脉明显，侧脉羽状，正面平，背面隆起。叶草质，正面绿色，无毛；背面灰白色，沿小羽轴及中脉疏被锈色短星状毛。孢子囊群圆形，着生于上侧小脉上，由 3 ~ 4 个孢子囊组成。

海拔：450 m

张代贵 ZB130301466 (JIU)，ZB130301612 (JIU)，YH120301367 (JIU)，ZZ120301798 (JIU)；张宪春等 11867 (PE)

6. 海金沙科 Lygodiaceae

海金沙属 Lygodium Sw.

海金沙 **Lygodium japonicum** (Thunb.) Sw.

攀缘植物，高达 4 m。叶具二型羽片，二至三回羽状；叶轴无限伸长达数米，羽片对生于叶轴上的短枝上，枝端有一个被黄色柔毛的休眠芽；不育羽片尖三角形，长宽几相等，二回羽状；末回小羽片掌状三裂，裂片边缘有不整齐的粗锯齿。主脉明显，侧脉纤细，一至二回二歧分叉，直达锯齿。叶纸质，两面沿中肋及脉上略有短毛。能育羽片卵状三角形，末回小羽片边缘生流苏状暗褐色的孢子囊穗。

海拔：600 m

鄂神农架植考队 30974 (PE)

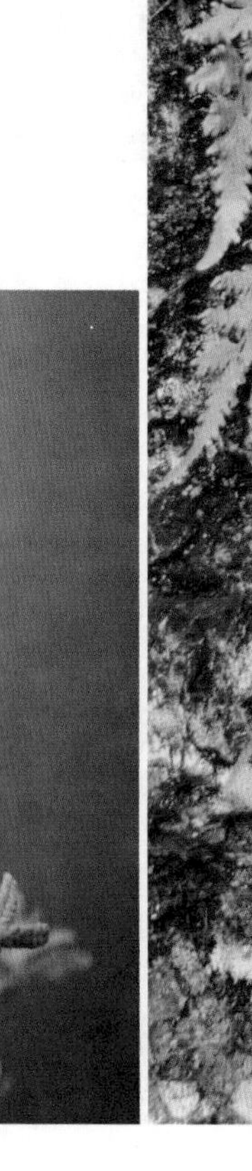

7. 槐叶蘋科 Salviniaceae

满江红属 **Azolla** Lam.

满江红 Azolla pinnata subsp. **asiatica** R. M. K. Saunders & K. Fowler

《神农架植物志》1: 50, f. 8–2. 2017，记载产于神农架各地，本次考察未见。

槐叶蘋属 **Salvinia** Seg.

槐叶蘋 Salvinia natans (L.) All.

《神农架植物志》1: 49–50, f. 8–1. 2017，记载产于神农架各地，本次考察未见。

8. 蘋科 Marsileaceae

蘋属 **Marsilea** L.

南国田字草 Marsilea minuta L.

《神农架植物志》1: 48, f. 7–1. 2017，记载产于神农架各地，本次考察未见。

9. 瘤足蕨科 Plagiogyriaceae

瘤足蕨属 **Plagiogyria** (Kunze) Mett.

华中瘤足蕨 Plagiogyria euphlebia (Kunze) Mett.

《神农架植物志》1: 52, f. 9–2. 2017，记载产于神农架低海拔地区，本次考察未见。

华东瘤足蕨 **Plagiogyria japonica** Nakai

《神农架植物志》1: 51, f. 9–1. 2017，记载产于神农架低海拔地区，本次考察未见。

10. 鳞始蕨科 Lindsaeaceae

乌蕨属 **Odontosoria** Fée

乌蕨 **Odontosoria chinensis** (L.) J. Sm.

植株高达 60 cm。根状茎短而横走，粗壮，密被褐色的钻状鳞片。叶近生，叶柄深禾秆色，有光泽，正面有沟，除基部外，通体光滑；叶片披针形，先端渐尖，四回羽状；羽片互生，密接，有短柄，斜展，卵状披针形，先端渐尖，基部楔形，下部三回羽状；一回小羽片有短柄，近菱形，先端钝，上先出，一回羽状或基部二回羽状；二回（或末回）小羽片小，倒披针形，先端有齿牙，基部楔形，下延。叶脉正面不显，背面明显，在小裂片上为二叉分枝。孢子囊群边缘着生，每裂片上 1 枚或 2 枚，囊群盖灰棕色，半杯形，宿存。

海拔：450 ~ 1 350 m

张宪春等 11831 (PE)，11871 (PE)

11. 凤尾蕨科 Pteridaceae

铁线蕨属 Adiantum L.

铁线蕨 Adiantum capillus-veneris L.

植株高 20 ~ 30 cm。根状茎细长横走，连同叶柄基部密被棕色披针形全缘的鳞片。叶远生；叶柄栗黑色，有光泽，向上光滑；叶片卵状三角形，中部以下多为二回羽状，中部以上为一回奇数羽状；羽片 3 ~ 5 对，互生，有柄，基部 1 对较大，长圆状卵形，圆钝头，一回奇数羽状；小羽片 3 ~ 4 对，阔扇形，上缘浅裂或有缺刻，两侧截形或稍凹而不对称，有短柄。叶脉多回二歧分叉，直达边缘，两面均明显。孢子囊群每羽片 3 ~ 10 枚；囊群盖长肾形，上缘平直，棕色，膜质，全缘，宿存。

海拔：500 ~ 1 300 m

张宪春等 11820 (PE)，12028 (PE)，12034 (PE)，12705 (PE)；张代贵 YH110715928 (JIU)；陈龙清 IV010503 (CCAU)；神农架队 20389 (PE)，21061 (PE)； 236-6 队 2437 (PE)

白背铁线蕨 Adiantum davidii Franch.

植株高 15 ~ 40 cm。根状茎长而横走，被深褐色阔披针形鳞片。叶远生；叶柄深栗色，基部被与根状茎上相同的鳞片，向上光滑；叶片三角状卵形，三回羽状；羽片 3 ~ 5 对，互生，有柄，基部 1 对最大，二回羽状；小羽片 4 ~ 5 对，互生，有短柄，向上渐变小；末回小羽片扇形，顶部圆形，具阔三角状的密锯齿，两侧全缘，具纤细的栗色短柄。叶脉多回二歧分叉，直达齿端，两面均明显。孢子囊群圆肾形，每末回小羽片通常 1 枚；囊群盖肾形或圆肾形，褐色，纸质，全缘，宿存。

海拔：1 300 ~ 1 500 m

中美联合鄂西植物考察队 1357 (PE)；神农架作物种质资源考察队 IV010641 (CCAU)；张梦华等 11727 (PE)；张宪春等 11974 (PE)；陈龙清 IV010641 (CCAU)

肾盖铁线蕨 **Adiantum erythrochlamys** Diels

植株高 20 ~ 30 cm。根状茎短而斜升，连同叶柄基部密被栗黑色狭披针形鳞片。叶簇生；叶柄栗色，有光泽，向上光滑；叶片披针状长三角形，先端渐尖，基部楔形，三回羽状；羽片 4 ~ 7 对，互生，有柄，基部 1 对略大；不育小羽片的上缘有明显的波状圆齿；能育小羽片的中央具阔而深的缺刻，两侧也具明显的波状圆齿，具纤细的短柄；羽片上部为奇数一回羽状，具小羽片 3 ~ 4 对，互生。叶脉多回二歧分叉，直达边缘，两面均明显。孢子囊群每羽片通常为 1 枚；囊群盖圆形或圆肾形，上缘呈深缺刻状，褐色，全缘，宿存。

海拔：800 ~ 2 610 m

张宪春等 11963 (PE)，12546 (PE)，12706 (PE)；鄂神农架植考队 10075 (PE)；鄂神农架队 22517 (PE)；中美联合鄂西植物考察队 326 (PE)，497 (PE)，1712 (PE)

白垩铁线蕨 Adiantum gravesii Hance

植株高 5 ~ 15 cm。根状茎短小直立，被黑色钻状披针形鳞片。叶簇生；叶柄纤细，栗黑色，光滑；叶片长圆形或卵状披针形，奇数一回羽状；羽片 2 ~ 4 对，互生，倒卵形或阔卵状三角形，圆头，全缘，基部圆楔形或近圆形，两侧呈微波状，有短柄，柄端具关节，干后羽片易从关节脱落而柄宿存，顶生羽片与侧生同形而稍大。叶脉二歧分叉，直达软骨质的边缘，两面均可见。孢子囊群每羽片 1 枚；囊群盖肾形或新月形，棕色，革质，宿存。

海拔：500 m

张宪春等 11839 (PE)

假鞭叶铁线蕨 **Adiantum malesianum** J. Ghatak

植株高 15 ~ 20 cm。根状茎短而直立，密被棕色披针形边缘具锯齿的鳞片。叶簇生；叶柄栗黑色，略有光泽，基部被与根状茎上相同的鳞片，通体被多细胞节状长毛；叶片线状披针形，向顶端渐变小，基部不变狭，一回羽状；羽片约 25 对，无柄，平展，互生或近对生，基部 1 对羽片近团扇形；顶部羽片近倒三角形，上缘圆形并深裂。叶脉多回二歧分叉，背面不明显，正面显著隆起。叶轴先端往往延长成鞭状，进行无性繁殖。孢子囊群每羽片 5 ~ 12 枚；囊群盖圆肾形，被密毛，上缘平直，棕色，全缘，宿存。

张代贵 ZB130229455 (JIU)，YH120714884 (JIU)，YH120715898 (JIU)，ZZ120219779 (JIU)

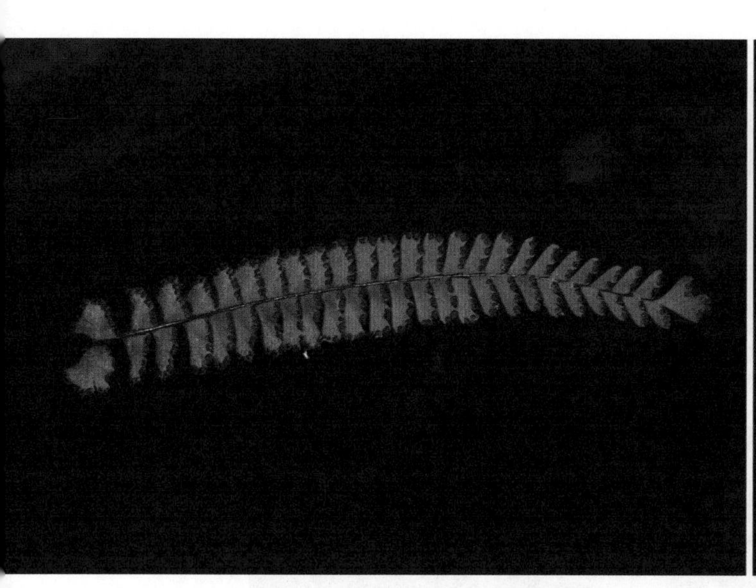

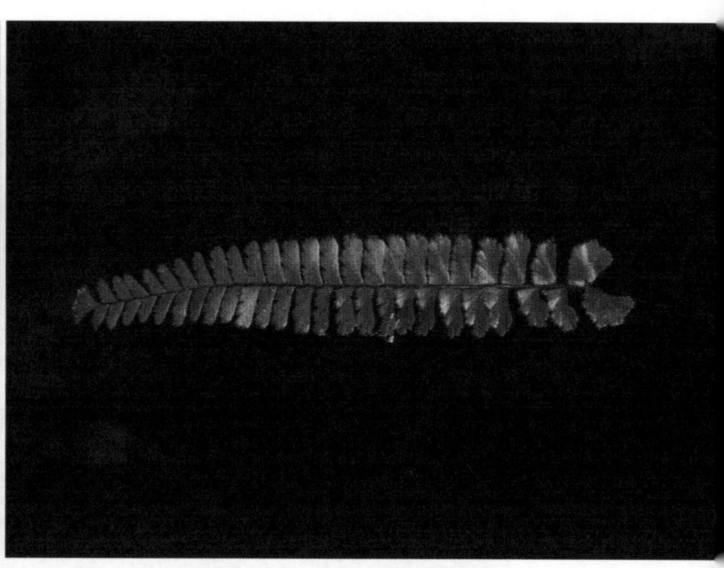

小铁线蕨 **Adiantum mariesii** Baker

《神农架植物志》1: 83, f. 12–49. 2017，记载产于神农架新华观音河，本次考察未见。

灰背铁线蕨 **Adiantum myriosorum** Baker

植株高达 50 cm。根状茎短而直立，密被棕色阔披针形鳞片。叶簇生；叶柄乌木色，有光泽，基部被阔披针形的棕色鳞片；叶片近扇形，叶轴由叶柄先端向两侧二叉分枝，每侧有羽片 4 ~ 6 对，生于叶轴上侧，一回羽状；小羽片互生，斜长三角形，有短柄，顶端有小尖齿，两侧全缘；叶脉由小羽片基部向上二歧分叉，直达叶边。孢子囊群每小羽片 3 ~ 6 枚，横生裂片先端缺刻内；囊群盖半圆形至圆肾形，黄绿色，全缘。

海拔：500 ~ 1 700 m

张宪春等 11854 (PE)，11987 (PE)，12021 (PE)；向巧萍等 12450 (PE)； X. C. Zhang 3400 (PE)，3405 (PE)，3406 (PE)；周，董 76074 (PE)；蔡杰等 12CS5568 (KUN)；中美联合鄂西植物考察队 552 (PE，NAS)；鄂神农架植考队 10900 (PE)， 30042 (PE)；神农架队 22766 (PE)

月芽铁线蕨 **Adiantum refractum** Christ

植株高 15 ~ 30 cm。根状茎短而直立或斜升，连同叶柄基部密被深棕色披针形鳞片。叶簇生；叶柄栗黑色，有光泽，向上光滑；叶片长卵形或卵状披针形，尖头，基部楔形，二至三回羽状；羽片 4 ~ 5 对，互生，斜向上，有柄，基部 1 对较大，一回奇数羽状或二回羽状；小羽片 4 ~ 5 对，互生，斜向上；末回小羽片为不对称的扇形，互生，上缘为波状圆形，1 ~ 3 浅裂或半裂，具短柄，顶生小羽片与侧生的同形，但略大于其下的侧生小羽片。叶脉多回二歧分叉，直达边缘，两面均明显。孢子囊群每羽片 3 ~ 4 枚；囊群盖长形或圆肾形，棕色，全缘，宿存。

海拔：950 ~ 2 870 m

张梦华等 11716 (PE)，11767 (PE)；张宪春等 11939 (PE)；向巧萍等 12377 (PE)，12471 (PE)；X. C. Zhang 3376 (PE)；傅国勋 1017 (NAS)；鄂神农架植考队 11022 (PE)，32552 (PE)；神农架队 21335 (PE)；中美联合鄂西植物考察队 327 (PE)，590 (PE)，1767 (PE)；神农架作物种质资源考察队 IV010213 (CCAU)

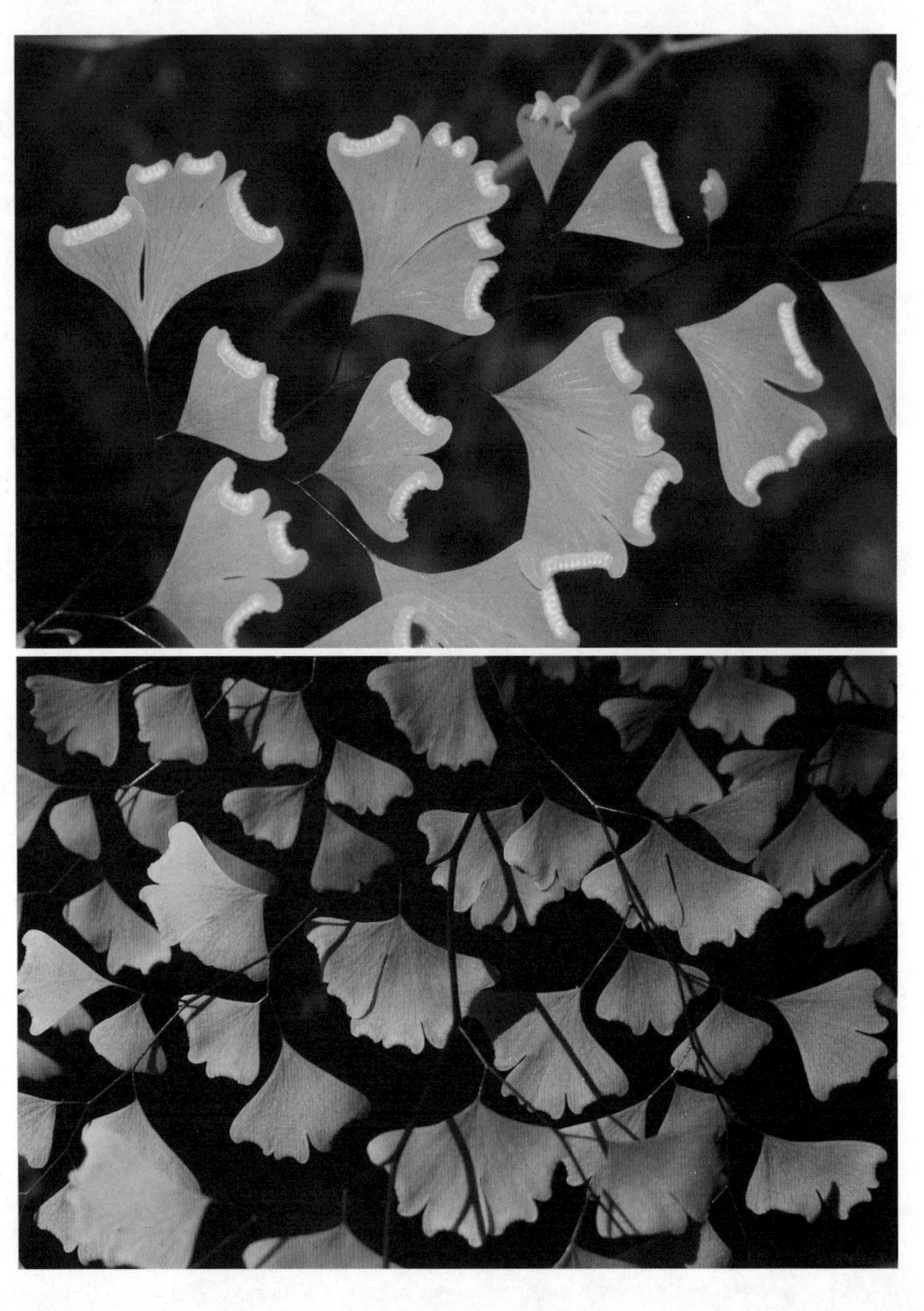

陇南铁线蕨 **Adiantum roborowskii** Maxim.

植株高 20 ~ 35 cm。根状茎短而直立或斜升，密被棕褐色披针形鳞片。叶簇生；叶柄栗红色，基部被与根状茎上同样的鳞片，向上光滑；叶片卵状椭圆形，渐尖头，下部为三回羽状，上部为奇数一回羽状；羽片 3 ~ 6 对，互生，有柄，基部 1 对略大，卵状三角形，钝头，简单的二回羽状；小羽片 1 ~ 2 对，互生，基部 1 对分裂；末回小羽片近三角形或狭扇形；能育小羽片全缘，中部具 1 ~ 2 深陷的缺刻，具纤细的栗红色短柄。叶脉多回二歧分叉，几达边缘，两面均明显。孢子囊群每羽片 1 ~ 2 枚；囊群盖圆形或圆肾形，上缘呈深缺刻状，褐色，全缘，宿存。

海拔：500 ~ 1 300 m

X. C. Zhang 3350 (PE)；张宪春等 11838 (PE)，11994 (PE)

粉背蕨属 Aleuritopteris Fée

多鳞粉背蕨（粉背蕨）**Aleuritopteris anceps** (Blanf.) Panigrahi

《神农架植物志》1: 77, f. 12–36. 2017，记载产于神农架各地，本次考察未见。

银粉背蕨 **Aleuritopteris argentea** var. **argentea** (S. G. Gmel.) Fée

植株高 10 ~ 25 cm。根状茎短而直立，先端被棕色有光泽的披针形鳞片。叶簇生；叶柄红棕色、有光泽，上部光滑，基部疏被棕色披针形鳞片；叶片五角形，长宽几相等，基部三回羽裂；羽片 3 ~ 5 对，无柄，基部 1 对最大，近三角形，二回羽裂；小裂片互生，羽轴下侧较上侧的大；裂片长圆形，钝头或尖头，边缘有圆锯齿。叶正面光滑，叶脉不显，背面被乳白色或淡黄色粉末，裂片边缘有明显而均匀的细齿牙。孢子囊群较多；囊群盖膜质，黄绿色，全缘，连续。

海拔：995 ~ 1 300 m

X. C. Zhang 3403 (PE)；刘志祥 DS242 (CCAU)

陕西粉背蕨 **Aleuritopteris argentea** var. **obscura** (Christ) Ching

植株高约 20 cm。根状茎短而直立，密被黑色披针形鳞片。叶簇生；叶柄栗红色，有光泽，光滑，基部疏生鳞片；叶片五角形，长宽几相等，基部三回羽裂，中部二回羽裂，顶部一回羽裂，分裂度细；羽片 4 ~ 6 对，近对生，基部 1 对最大，近三角形，二回羽状；一回小羽片 4 ~ 5 对，下先出，基部下侧 1 片特长，羽状深裂；裂片线状镰刀形；从第二对小羽片向上各对渐小，通常不裂，单一。叶正面光滑，背面无粉末，叶脉不显。孢子囊群线形；囊群盖膜质，深棕色，全缘，连续。

海拔：500 ~ 1 250 m

张梦华等 11783 (PE)；张宪春等 12003 (PE)；神农架队 20192 (PE)，20219 (PE)，20530 (PE)，21657 (PE)

阔盖粉背蕨 **Aleuritopteris grisea** (Blanf.) Panigrahi

植株高 15 ~ 50 cm。根状茎短而直立，顶部被褐棕色、宽披针形、先端长钻状鳞片。叶簇生；叶柄栗红色，基部疏被宽披针形、长渐尖、红棕色鳞片，向上光滑；叶片长圆状披针形，先端渐尖，二至三回羽裂；侧生羽片约 10 对，近对生或互生，基部 1 对较大，近三角形，二回羽裂；小羽片 10 ~ 15 对，羽轴下侧的较上侧的长，基部下侧 1 片最长，一回羽裂。叶正面光滑，叶脉不显，背面密被白色粉末。孢子囊群线形；囊群盖阔，几达主脉，连续，全缘或微波状。

海拔：1 680 m

张宪春等 12043 (PE)

华北薄鳞蕨（华北粉背蕨）**Aleuritopteris kuhnii** (Milde) Ching

植株高 20 ~ 30 cm。根状茎直立，被棕色、边缘具睫毛、阔披针形鳞片。叶簇生；叶柄栗红色，基部疏具淡棕色阔披针形鳞片；叶片长圆披针形，先端渐尖，下部三回羽状深裂；羽片约 10 对，近对生，无柄或有极短的柄，二回羽状深裂；小羽片 4 ~ 5 对，彼此多少以狭翅相连，长圆形，先端渐尖，羽状深裂；裂片椭圆状披针形，先端钝，边缘全缘。叶两面不被鳞片及毛，背面疏被灰白色粉末；叶脉羽状，两面不显。孢子囊群圆形；囊群盖草质，幼时褐绿色，老时褐色，边缘波状。

海拔：1 700 ~ 1 880 m

张七 ZQ6909 (JIU)；张代贵等 zdg6909 (JIU)；张宪春等 12008 (PE)；中美联合鄂西植物考察队 1769 (NAS)

碎米蕨属 Cheilanthes Sw.

中华隐囊蕨 Cheilanthes chinensis (Baker) Domin

植株高 10 ~ 25 cm。根状茎横走，密被钻状披针形鳞片。叶远生或近生；叶柄长 3 ~ 6 cm；叶片正面疏被淡棕色柔毛，背面密被棕黄色厚绒毛，长圆披针形或披针形，二回羽状或二回羽裂；羽片 10 ~ 20 对，基部 1 对最大，三角形，羽裂几达羽轴；裂片 5 ~ 8 对，下侧下部远较上侧的长，线形，钝头，全缘或下部 1 ~ 2 片有三角形浅裂片；第二对羽片向上略渐缩短，三角形至阔披针形，尾头或钝头，羽裂至圆齿状；顶部羽片全缘。侧脉羽状分叉，不易见。孢子囊群生于小脉顶端，由少数孢子囊组成，隐没于绒毛中，成熟时略可见。

海拔：500 m

张宪春等 11857 (PE)

毛轴碎米蕨 **Cheilanthes chusana** Hook.

植株高 10 ~ 30 cm。根状茎短而直立，被栗黑色披针形鳞片。叶簇生；叶柄亮栗色，被红棕色鳞片以及少数短毛，正面有 1 条纵沟，沟两侧生棕色粗短毛；叶片披针形，两面无毛，二回羽状全裂；羽片 10 ~ 20 对，几无柄，三角状披针形，中部的较大，羽状深裂几达羽轴；裂片无柄，钝头，边缘有圆齿。叶脉羽状，单一或分叉，两面不显。孢子囊群圆形，生于小脉顶端，位于裂片的圆齿上，每齿 1 ~ 2 枚；囊群盖圆肾形，彼此分离，淡棕色，宿存。

海拔：500 ~ 740 m

张梦华等 11750 (PE)；张宪春等 11859 (PE)，12521 (PE)

宜昌旱蕨（平羽碎米蕨）**Cheilanthes patula** Baker

植株高 20 ~ 30 cm。根状茎短而直立。叶簇生；叶柄栗色或栗褐色，背面圆，正面平且有 2 条隆起的锐边，基部密被黑色钻状披针形鳞片，向上光滑；叶轴多少左右曲折；叶片两面无毛，长三角形，渐尖头，二至三回羽状；羽片 8 ~ 10 对，基部 1 对稍大，长圆状三角形；小羽片 5 ~ 6 对，三角形，钝头，基部圆截形，有极短的柄，羽状或深羽裂；末回小羽片或裂片长圆形，钝头，全缘。叶脉在裂片上羽状分叉，两面均不明显。孢子囊群沿叶缘生于小脉顶端；囊群盖棕色，连续或少有断裂，全缘。

海拔：300 ~ 762 m

张宪春等 12195 (PE)，12793 (PE)

凤了蕨属 Coniogramme Fée

尾尖凤了蕨 Coniogramme caudiformis Ching & K. H. Shing

植株高达 1 m。叶柄下部紫褐色或禾秆色且饰有紫色，基部疏被鳞片；叶片卵状长圆形，二回羽状；羽片 4 ~ 7 对，基部 1 对最大，有短柄，羽状；侧生小羽片 1 ~ 2 对，长圆披针形或卵状披针形，基部近圆形，具短柄；顶生羽片较其下的大，基部不对称，柄长约 1 cm；羽片和小羽片边缘有密的尖锯齿。侧脉先端的水囊棍棒形，略伸入锯齿。叶干后草质，正面无毛，背面疏被短柔毛。孢子囊群沿侧脉的 2/3 分布。

海拔：820 ~ 1 000 m

B. Bartholomew et al. 496 (PE)，1435 (PE)

峨眉凤了蕨 **Coniogramme emeiensis** Ching & K. H. Shing

植株高可达 1 m。根状茎粗短，横卧，被深棕色披针形鳞片。叶柄禾秆色或背面饰有红紫色，正面有沟，基部略被鳞片；叶片阔卵状长圆形，二回羽状；侧生羽片 7 ~ 10 对，下部 1 ~ 2 对最大，近卵形，羽状；侧生小羽片 1 ~ 3 对，披针形，先端尾状长渐尖，向基部变狭，有短柄；羽片边缘有向前伏贴的三角形粗齿。叶脉分离，侧脉一至二回分叉，顶端的水囊棒形，伸达锯齿基部。叶干后草质，常沿侧脉间有不规则的黄色条纹，两面无毛。孢子囊群沿侧脉分布达离叶边不远处。

海拔：383 ~ 520 m

张代贵 zdg6893 (JIU)；张宪春等 11891 (PE)；张梦华等 11719 (PE)

普通凤了蕨 **Coniogramme intermedia** var. **intermedia** Hieron.

植株高达 80 cm。根状茎长而横走，被浅棕色披针形鳞片。叶柄禾秆色或饰有淡棕色点；叶片和叶柄等长或稍短，卵状三角形或卵状长圆形，二回羽状；侧生羽片 3 ~ 6 对，基部 1 对最大，柄长 1 ~ 2 cm，一回羽状；侧生小羽片 1 ~ 3 对，披针形，长渐尖头，有短柄；羽片和小羽片边缘有斜上的锯齿。叶脉分离；侧脉二回分叉，顶端的水囊线形，略加厚，伸入锯齿，但不到齿缘。叶干后草质到纸质，背面颜色较淡并有疏短柔毛。孢子囊群沿侧脉分布达离叶边不远处。

海拔：705 ~ 1 750 m

B. Bartholomew et al. 504 (PE)，1446 (PE)；张梦华等 11719 (PE)；张宪春等 11883 (PE)，11884 (PE)，11812 (PE)；向巧萍等 12457 (PE)

无毛凤了蕨 **Coniogramme intermedia** var. **glabra** Ching

《神农架植物志》1: 61–62, f. 12–2. 2017，记载产于神农架刘响寨、横河山上、巴东垭，本次考察未见。

凤了蕨 **Coniogramme japonica** (Thunb.) Diels

植株高达 80 cm。根状茎长而横走，略有鳞片。叶柄禾秆色或栗褐色，基部以上光滑；叶片和叶柄等长或稍长，长圆三角形，二回羽状；侧生羽片 3 ~ 4 对，有短柄，基部 1 对最大，卵圆三角形，羽状；侧生小羽片 1 ~ 3 对，披针形，有柄或向上的无柄；羽片和小羽片边缘有向前伸的疏矮齿。叶脉网状，在羽轴两侧形成 2 ~ 3 行狭长网眼，网眼外的小脉分离，小脉顶端有纺锤形水囊，不到锯齿基部。叶干后纸质，两面无毛。孢子囊群沿叶脉分布，几达叶边。

海拔：1 390 ~ 2 600 m

X. C. Zhang 3418 (PE)；张梦华等 11730 (PE)；张宪春等 12611 (PE)

黑轴凤了蕨 **Coniogramme robusta** (Christ) Christ

植株高 50 ~ 70 cm。根状茎横走，连同叶柄基部疏被褐棕色披针形鳞片。叶柄亮栗黑色，正面有沟，背面圆形；叶片与叶柄近等长，奇数一回羽状；侧生羽片 2 ~ 4 对，披针形或长圆披针形，短尾头，基部略不对称，圆楔形或圆形，上侧略下延，无柄，顶生羽片较其下的大，有 1 ~ 2 cm 长的柄；羽片边缘有软骨质矮钝的疏齿。叶脉明显，一至二回分叉，顶端有棒形或长卵形水囊，伸达锯齿基部以下。叶干后草质，绿色或黄绿色。孢子囊群沿叶脉分布，几达叶边。

海拔：730 m

张宪春等 12517 (PE)

乳头凤了蕨 **Coniogramme rosthornii** Hieron.

植株高达 80 cm。根状茎长而横走，密被棕色披针形鳞片。叶柄禾秆色或下部饰有棕色斑点，基部略有鳞片；叶片几与叶柄等长或较短，二回羽状；侧生羽片 4 ~ 6 对，羽状；侧生小羽片 1 ~ 3 对，披针形，先端尾状渐尖，基部圆楔形或近圆形；上部的羽片渐变小，无柄；羽片边缘有向前伸的尖锯齿，叶脉明显，侧脉 2 ~ 3 叉，水囊细长，略加厚，伸达锯齿基部。叶干后草质，正面仅沿羽轴有短毛，背面密生乳头凸起，凸起上生灰白色短毛。孢子囊群伸达离叶边不远处。

海拔：900 ~ 1 240 m

向巧萍等 12478 (PE)；张宪春等 12597 (PE)；鄂神农架队 21799 (PE)；神农架队 21848 (PE)

紫柄凤了蕨 Coniogramme sinensis Ching

植株高 60 ~ 80 cm。叶柄和叶轴均为红紫色，有光泽，基部略被淡棕色披针形鳞片；叶片长圆状卵形，二回羽状；侧生羽片 4 ~ 5 对，基部 1 对最大，长圆形，羽状，具长柄；侧生小羽片 2 ~ 3 对，阔披针形或长圆披针形，尾状渐尖头，向基部变阔；顶生羽片较其下一对大，基部为圆楔形，或一侧叉裂；羽片和小羽片边缘有向前倒伏的细尖锯齿。侧脉顶端的水囊略加厚，线形，伸入锯齿。叶干后草质，正面仅在主脉上被疏毛，背面疏生短柔毛。孢子囊群沿侧脉的 3/4 分布。

海拔：1 300 m

张梦华等 11717 (PE)

珠蕨属 **Cryptogramma** R. Br.

高山珠蕨 **Cryptogramma brunoniana** Wall. ex Hook. & Grev.

根状茎短而直立，被棕色膜质披针形鳞片。叶簇生，二型；叶柄深禾秆色，不育叶较能育叶短，阔卵形或卵状三角形，三回细裂；基部 1 对羽片最大，卵形，二回细裂；小羽片上先出，末回裂片三角形或长圆形，尖头或急尖头，每裂片有小脉 1 条，顶端有纺锤形水囊，正面略下凹；能育叶卵状长圆形或卵形，三回羽状。孢子囊群圆形，顶生脉端，囊群盖褐色，成熟时略张开。

海拔：2 700 ~ 3 100 m

X. C. Zhang 3431 (PE)；向巧萍等 12365 (PE)，12394 (PE)

书带蕨属 **Haplopteris** C. Presl

书带蕨 **Haplopteris flexuosa** (Fée) E. H. Crane

根状茎横走，密被黄褐色、具光泽、钻状披针形鳞片；鳞片先端纤毛状，边缘具睫毛状齿，网眼壁较厚，深褐色。叶近生；叶柄浅褐色，基部被纤细的小鳞片；叶片线形，长 15 ~ 40 cm 或更长，宽 4 ~ 6 mm；中肋在叶片背面隆起，正面凹陷呈一狭缝，侧脉不明显。叶薄草质，叶边反卷，遮盖孢子囊群；孢子囊群线形，位于浅沟槽中，与中肋之间有阔的不育带；叶片下部和先端不育；隔丝多数，先端倒圆锥形，长宽近相等，亮褐色。

海拔：1 220 ~ 1 300 m

张梦华等 11742 (PE)；张宪春等 12764 (PE)

平肋书带蕨 **Haplopteris fudzinoi** (Makino) E. H. Crane

《神农架植物志》1: 84, f. 12–51. 2017，记载神农架有分布，本次考察未见。

金粉蕨属 **Onychium** Kaulf.

野雉尾金粉蕨 **Onychium japonicum** (Thunb.) Kunze

植株高达 60 cm。根状茎长而横走，疏被红棕色、披针形鳞片。叶远生；叶柄基部褐棕色，略有鳞片，向上禾秆色，光滑；叶片卵状三角形或卵状披针形，四回羽状；羽片互生，卵状披针形，有短柄，基部 1 对较大，三回羽裂；小羽片互生，上先出；末回能育裂片线状披针形，有不育的急尖头；末回不育裂片短而狭，线形或短披针形，短尖头；叶轴和羽轴正面有浅沟，背面凸起，不育裂片仅有中脉 1 条，能育裂片有斜上侧脉和叶缘的边脉会合。孢子囊群短线形；囊群盖膜质，灰白色，全缘。

海拔：740 ~ 1 240 m

张梦华等 11754 (PE)；张宪春等 12550 (PE)

木坪金粉蕨 **Onychium moupinense** var. **moupinense** Ching

植株高达 70 cm。根状茎细长横走，疏被深棕色披针形鳞片。叶近生，近二型；柄纤细，禾秆色，光滑；不育叶披针形，二回羽状或三回羽裂；羽片斜方形，渐尖头或钝头，末回小羽片或裂片斜卵形，先端有锐尖齿，每齿有 1 条小脉；能育叶较大，披针形或卵状披针形，尾状长渐尖头，二至三回羽状；羽片互生，基部 1 对最大，有短柄，二回羽状或二回羽裂；小羽片均为上先出，并有狭翅下延。孢子囊群生于边脉上；囊群盖阔线形，灰棕色，膜质，全缘。

海拔：500 ~ 1 250 m

张宪春等 11841 (PE)，11920 (PE)，11922 (PE)，11996 (PE)，12027 (PE)；张梦华等 11784 (PE)；神农架队 21593 (PE)；鄂神农架植考队 30425 (PE)

湖北金粉蕨 **Onychium moupinense** var. **ipii** (Ching) K. S. Shing

本变种形体更为细长，叶不为二型，裂片较短；孢子群几达裂片顶端或仅露出极短的不育尖头。

未采标本。

金毛裸蕨属 **Paragymnopteris** K. H. Shing

耳羽金毛裸蕨 **Paragymnopteris bipinnata** var. **auriculata** (Franch.) K. H. Shing

植株高 20 ~ 40 cm。根状茎粗短，横卧，连同叶柄基部密被亮棕色狭长钻形鳞片。叶近丛生；叶柄亮栗色，幼时密被灰棕色长绢毛，老时逐渐光秃；叶片披针形或阔披针形；羽片 10 ~ 17 对，互生，卵形或长卵形，基部深心脏形，两侧常扩大呈耳形或有 1 ~ 2 片分离小羽片，顶生小羽片和侧生的同形，但较大，有长柄。叶干后软革质，正面褐绿色，有稀疏绢毛，背面密覆黄棕色长绢毛；叶轴及羽轴密被同样的毛。孢子囊群沿小脉着生，隐没在绢毛下，成熟时略可见。

海拔：1 300 ~ 1 370 m

杨林森 12204 (PE)；张梦华等 11740 (PE)；张宪春等 11976 (PE)

滇西金毛裸蕨 **Paragymnopteris delavayi** (Baker) K. H. Shing

Paraceterach bipinnata auct. non (Christ) R. M. Tryon: Fl. Shennongjia 1: 74, f. 12–28. 2017.

植株高 10 ~ 30 cm。根状茎粗短，斜升或横卧，密被棕黄色狭长钻形鳞片。叶丛生；叶柄亮栗黑色，基部略有鳞片及长柔毛，向上有毛或几光滑；叶片阔线状披针形，一回羽状；羽片 10 ~ 15 对，互生，斜展，镰状披针形或披针形，钝头，基部圆形或上侧往往有耳状凸起。主脉正面微凹，背面凸起，侧脉羽状分叉，不易见。叶干后革质，正面无毛和鳞片，背面密覆褐棕色透明的卵状披针形鳞片。孢子囊群沿侧脉着生，隐没于鳞片下，成熟时略可见。

海拔：1 640 m

卢金梅等 LuJM319 (KUN)；张代贵等 130726024 (JIU)

凤尾蕨属 Pteris L.

猪鬣凤尾蕨 **Pteris actiniopteroides** Christ

植株高 5 ~ 40 cm。根状茎短而直立，先端被全缘的黑褐色鳞片。叶簇生，略二型，不育叶短于能育叶；叶柄连同叶轴均为栗褐色；叶片长圆状卵形，一回羽状；不育叶片有侧生羽片 1 ~ 2 对，对生，二叉或基部 1 对为三叉；能育叶片有侧生羽片二至四对，对生，基部一对二至四叉并有短柄，向上渐变为单一而无柄，叶缘仅不育的先端有尖锯齿。主脉两面均隆起，禾秆色；侧脉明显，稀疏，单一或分叉，先端棕色的水囊直达叶边。孢子囊群狭线形，沿能育羽片的叶缘延伸，仅近基部及有锯齿的先端不育。

海拔：600 ~ 1 300 m

张梦华等 11752 (PE)；张宪春等 12511 (PE)，12541 (PE)，12542 (PE)，12552 (PE)；鄂神农架植考队 30315 (PE)；神农架队 20563 (PE)，21888 (PE)；X. C. Zhang 3342 (PE)

凤尾蕨 **Pteris cretica** L.

植株高 50 ~ 90 cm。根状茎斜升，被褐色狭披针形鳞片。叶二型，近生；叶柄禾秆色，正面有 1 条深沟，叶轴两侧无翅；叶片卵形至卵状长圆形，一回羽状；羽片 4 ~ 7 对，对生，有短柄或无柄，基部 1 对通常二叉，其余的羽片单一，线形，渐尖头，不育羽片边缘有刺状锯齿；叶脉羽状分离，侧脉通常二叉，先端伸达齿端或叶边。孢子囊群线形；囊群盖灰色，膜质，全缘。

海拔：700 ~ 1 500 m

张宪春等 12515 (PE)；张梦华等 11732 (PE)，11753 (PE)，11789 (PE)

岩凤尾蕨 **Pteris deltodon** Baker

植株高 15 ~ 25 cm。根状茎短而直立，先端被黑褐色鳞片。叶簇生，一型；叶柄基部褐色，向上为浅禾秆色，稍有光泽；叶片三角状卵形，三叉或为奇数一回羽状；羽片 3 ~ 5 片，顶生羽片稍大，阔披针形，先端渐尖，基部阔楔形，上部不育叶缘有三角形粗大锯齿，下部全缘；侧生羽片较短小，对生，镰刀状，先端短尖，基部钝圆而斜，无柄；不育羽片与能育羽片同形，但较宽且短，叶缘除基部外均有三角形粗大锯齿。羽轴禾秆色，下面隆起，侧脉明显，单一或分叉。

海拔：450 ~ 740 m

张宪春等 11864 (PE)，11906 (PE)

刺齿半边旗 **Pteris dispar** Kunze

植株高 30 ~ 80 cm。根状茎斜升，先端及叶柄基部被黑褐色、先端纤毛状并稍卷曲的鳞片。叶簇生，近二型；叶柄与叶轴均为栗色，有光泽；叶片卵状长圆形，二回深裂；顶生羽片披针形，先端渐尖，篦齿状深裂几达叶轴，裂片对生，不育叶缘有长尖刺状的锯齿；侧生羽片 5 ~ 8 对，对生或近对生，下部的有短柄，羽片两侧或仅下侧深羽裂几达羽轴，下侧裂片较上侧的略长，并且基部下侧 1 片最长。羽轴正面有纵沟，纵沟两旁有狭翅状的边；侧脉明显，二叉，小脉伸达锯齿内。

未采标本。

阔叶凤尾蕨 **Pteris esquirolii** Christ

植株高约 90 cm。根状茎粗壮，直立，先端被黑褐色鳞片。叶簇生，二型；叶柄深禾秆色或红棕色，表面平滑或微粗糙；不育叶片一回羽状，羽片 3 ~ 4 对，近对生，基部 1 对有短柄并分叉，其余的无柄且单一，叶缘有软骨质的边，下部全缘，中部以上有锯齿；能育叶一回羽状，羽片 5 ~ 6 对，对生，下部 2 ~ 3 对羽片通常分叉且有短柄，上部的无柄，羽片除先端的不育叶缘有锯齿外，其余全缘。主脉下面隆起，禾秆色，侧脉明显，单一或分叉。孢子囊群线形；囊群盖灰色，膜质，全缘。

海拔：520 m

张宪春等 11822 (PE)

傅氏凤尾蕨 **Pteris fauriei** Hieron.

植株高 50 ~ 90 cm。根状茎斜升，被褐色线状披针形鳞片。叶簇生；叶柄基部暗褐色并被鳞片，向上与叶轴均为禾秆色，光滑，正面有狭纵沟；叶片卵形至卵状三角形，二回深羽裂；侧生羽片 3 ~ 6 对，下部的对生，基部 1 对无柄或有短柄，向上的无柄；裂片通常下侧的比上侧的略长，基部 1 对或下部数对缩短，全缘。羽轴背面隆起，禾秆色，光滑，正面有狭纵沟，两旁有针状扁刺，裂片的主脉正面有少数小刺。侧脉两面均明显，斜展，自基部以上二叉。孢子囊群线形，沿裂片边缘延伸，仅裂片先端不育；囊群盖线形，灰棕色，膜质，全缘，宿存。

海拔：350 ~ 1 843 m

张代贵 zdg4071 (JIU)；张梦华等 11796 (PE)；张宪春等 11815 (PE)

鸡爪凤尾蕨 **Pteris gallinopes** Ching

植株高 10 ~ 20 cm。根状茎短而直立，先端被黑褐色鳞片。叶簇生；叶柄禾秆色，基部浅褐色，光滑，无光泽，正面有浅纵沟；叶片掌状，羽片通常 5 片，集生于叶柄顶端，中央 1 片稍长，狭线形，先端渐尖并有浅锐锯齿，基部楔形，能育羽片全缘，不育羽片的叶缘有浅锯齿；侧生羽片与中央 1 片同形，但较短小并略呈镰刀形，先端渐尖至短尖。主脉两面均隆起，禾秆色至暗绿色，光滑；侧脉明显，单一或分叉。孢子囊群线形，沿叶缘延伸，仅羽片的基部及先端不育；囊群盖线形，灰褐色，薄膜质，全缘。

未采标本。

井栏边草 Pteris multifida Poir.

植株高 30 ~ 60 cm。根状茎短而直立，先端被黑褐色鳞片。叶簇生，二型；叶柄禾秆色或暗褐色，光滑；不育叶卵状长圆形，一回羽状；羽片通常 3 对，对生，无柄，线状披针形，叶缘有不整齐的尖锯齿，顶生三叉羽片及上部羽片的基部显著下延，在叶轴两侧形成狭翅；能育叶羽片 4 ~ 6 对，狭线形，仅不育部分有锯齿，上部几对羽片基部下延，在叶轴两侧形成翅。主脉两面均隆起，禾秆色，侧脉明显，单一或分叉。孢子囊群线形；囊群盖灰色，膜质，全缘。

海拔：500 m

张代贵 2012102206 (JIU)；236-6 队 2301 (PE)；神农架队 20228 (PE)

斜羽凤尾蕨 **Pteris oshimensis** Hieron.

植株高约 70 cm。根状茎短而直立，先端及叶柄基部被褐色鳞片。叶簇生；叶柄基部褐色，向上连同叶轴及羽轴为禾秆色，光滑；叶片长圆形，二至三回深羽裂；侧生羽片 7 ~ 9 对，对生，无柄，披针形，篦齿状深羽裂几达羽轴；顶生羽片的形状、大小及分裂度与中部的侧生羽片相同，但有短柄；裂片互生或近对生，披针形，略呈镰刀状，基部稍扩大，向顶端略变狭，圆头，全缘。羽轴光滑，正面有纵沟，沟旁有针状长刺，主脉正面有少数针状刺或无刺。叶脉明显，自基部以上二叉，裂片基部 1 对小脉伸达缺刻以上的边缘。

未采标本。

溪边凤尾蕨 **Pteris terminalis** Wall. ex J. Agardh

植株高达 180 cm。根状茎短而直立，先端被黑褐色鳞片。叶簇生；叶柄暗褐色，向上连同叶轴为禾秆色，稍有光泽，无毛；叶片阔三角形，二回深羽裂；顶生羽片长圆状阔披针形，先端渐尖并为尾状，篦齿状深羽裂几达羽轴，裂片互生，镰刀状长披针形，基部下延，顶部不育叶缘有浅锯齿；侧生羽片互生或近对生，基部 1 对最大，下部的有短柄，上部的羽片较小，无柄。羽轴下面隆起，禾秆色，无毛，正面有浅纵沟，沟两旁具粗刺。侧脉仅背面可见，二叉。

海拔：450 ~ 820 m

中美联合鄂西植物考察队 1432 (PE)，1898 (PE)；张代贵 zdg4072 (JIU)；张梦华等 11756 (PE)；张宪春等 11882 (PE)，12513 (PE)

蜈蚣草 **Pteris vittata** L.

植株高达 1 m。根状茎横卧或斜升，密被棕色全缘鳞片。叶簇生，一型；叶柄深禾秆色，下部被鳞片，向上稀疏；叶片一回羽状，侧生羽片多数，互生或有时近对生，无柄，中部羽片最长，基部扩大呈浅心形，其两侧稍呈耳形，仅不育的叶缘有锯齿，其余向下各对羽片渐缩短，最下面 1 对呈耳状。主脉禾秆色，侧脉纤细，单一或分叉；叶轴禾秆色，疏被鳞片。在成熟的植株上除下部缩短的羽片不育外，几乎全部羽片均能育。孢子囊群线形；囊群盖灰白色，膜质，全缘。

海拔：500 ~ 1 200 m

张梦华等 11746 (PE)；中美联合鄂西植物考察队 1437 (PE)；神农架队 21007 (PE)，21889 (PE)；鄂神农架植考队 30298 (PE)；周，董 76096 (PE)

西南凤尾蕨 **Pteris wallichiana** J. Agardh

植株高约1.5 m。根状茎粗壮，直立，先端被褐色鳞片。叶簇生；叶柄栗红色，表面粗糙，正面有阔纵沟；叶片五角状阔卵形，三叉至鸟足状，三回深羽裂；小羽片互生，上部的无柄，下部的有短柄，篦齿状深羽裂达到小羽轴两侧的狭翅；裂片互生，斜展，长圆状阔披针形；小羽轴背面隆起，禾秆色或下部稍带棕色，无毛，正面有浅纵沟，沟两旁有短刺。侧脉明显，斜展，沿小羽轴两侧各形成1列狭长的网眼，网眼以外的小脉皆分离。羽轴禾秆色至棕禾秆色，有时为红棕色，无毛，正面有浅纵沟。

海拔：705 m

张宪春等 11898 (PE)

12. 碗蕨科 Dennstaedtiaceae

碗蕨属 **Dennstaedtia** Bernh.

细毛碗蕨 **Dennstaedtia hirsuta** (Sw.) Mett. ex Miq.

植株高 15 ~ 30 cm。根状茎横走或斜升，密被灰棕色长毛。叶近簇生；叶柄禾秆色，幼时密被灰色节状长毛，老时留下粗糙的痕。叶片长圆披针形，先端渐尖，二回羽状；羽片 10 ~ 14 对，几互生，具有带狭翅的短柄或几无柄，羽状分裂；一回小羽片 6 ~ 8 对，长圆形，上先出，基部上侧 1 片较长，与叶轴并行，顶端有 2 ~ 3 个尖锯齿，基部下延和羽轴相连，小裂片先端具 1 ~ 3 个小尖齿。叶脉羽状，不到达齿端，水囊不显；遍体密被灰色节状长毛。孢子囊群圆形，生于小裂片腋中；囊群盖浅碗形，绿色，有毛。

海拔：1 110 ~ 1 690 m

张梦华等 11684 (PE)；张宪春等 12529 (PE)，12565 (PE)；中美联合鄂西植物考察队 854 (PE，KUN)

碗蕨 **Dennstaedtia scabra** (Wall. ex Hook.) T. Moore

植株高达 1 m。根状茎长而横走，密被棕色透明的节状毛。叶疏生；叶柄红棕色，正面有沟，连同叶轴密被与根状茎同样的长毛，老时脱落，留下粗糙的痕。叶片三角状披针形，下部三至四回羽状深裂；羽片 10 ~ 20 对，长圆状披针形，几互生，基部 1 对最大，二至三回羽状深裂；一回小羽片 14 ~ 16 对，长圆形，具有狭翅的短柄，上先出，二回羽状深裂；二回小羽片阔披针形，基部有狭翅相连，先端钝，羽状深裂。叶脉羽状，每个小裂片有 1 条小脉，先端有纺锤形水囊。孢子囊群圆形，位于裂片的小脉顶端；囊群盖碗形，灰绿色，略有毛。

海拔：450 m

张宪春等 11868 (PE)

溪洞碗蕨 **Dennstaedtia wilfordii** (T. Moore) Christ

植株高 30 ~ 50 cm。根状茎细长横走，被棕色节状长毛。叶疏生；叶柄基部栗黑色，被与根状茎同样的长毛，向上为淡禾秆色，有光泽；叶片长圆披针形，先端渐尖，二至三回羽状深裂；羽片 12 ~ 14 对，卵状阔披针形，先端渐尖或尾头，互生，一至二回羽状深裂；一回小羽片长圆卵形，上先出，基部楔形，下延，羽状深裂或为粗锯齿状；末回羽片先端为二至三叉的短尖头，边缘全缘。叶脉羽状，在末回小羽片上为 2 ~ 3 次分叉，每锯齿有 1 条小脉，先端有水囊；叶两面无毛。孢子囊群圆形，生于末回羽片的腋中；囊群盖半盅形，绿色，无毛。

海拔：1 200 ~ 1 804 m

张梦华等 11671 (PE)，11734 (PE)；向巧萍等 12448 (PE)；张宪春等 11979 (PE)，12745 (PE)；中美联合鄂西植物考察队 563 (PE)，1760 (PE)；鄂神农架植考队 10305 (PE)；鄂神队 22957 (PE)；鄂神农架植考队 11248 (PE)；刘彬彬 2260 (PE)

姬蕨属 **Hypolepis** Bernh.

姬蕨 **Hypolepis punctata** (Thunb.) Mett.

根状茎长而横走，密被棕色节状长毛。叶疏生；叶柄暗褐色，向上为棕禾秆色，粗糙有毛。叶片长卵状三角形，两面沿叶脉有短刚毛，三至四回羽状深裂，顶部为一回羽状；羽片具柄，柄上密生灰色腺毛，尤以腋间为多；一回羽片披针形或阔披针形，先端渐尖，上先出，一至二回羽状深裂；二回羽片长圆披针形，先端圆而有齿，基部近圆形，下延，和羽轴的狭翅相连；末回裂片长 5 mm 左右，长圆形，钝头，边缘有钝锯齿。孢子囊群圆形，生于小裂片基部两侧或上侧近缺刻处；囊群盖由锯齿反卷而成，棕绿色或灰绿色，无毛。

海拔：450 m

张宪春等 11870 (PE)

鳞盖蕨属 **Microlepia** C. Presl

边缘鳞盖蕨 **Microlepia marginata** (Panz.) C. Chr.

植株高达 1 m。根状茎长而横走，密被锈色长柔毛。叶远生；叶柄深禾秆色，正面有纵沟，近光滑；叶片长圆三角形，先端渐尖，基部不变狭，一回羽状；羽片 20 ~ 25 对，基部对生，上部互生，有短柄，近镰刀状，先端渐尖，基部不等，上侧钝耳状，下侧楔形，边缘缺裂至浅裂，上部各羽片渐短，无柄。侧脉明显，在裂片上为羽状，上先出，斜出，不达叶边。孢子囊群圆形，每小裂片上 1 ~ 6 枚，着生于小脉顶端，距叶缘较远；囊群盖杯形，长宽几相等，棕色，被稀疏短硬毛。

未采标本。

粗毛鳞盖蕨 **Microlepia strigosa** (Thunb.) C. Presl

植株高达 110 cm。根茎长而横走，密被灰棕色长针状毛。叶远生；叶柄褐棕色，下部被灰棕色长针状毛，易脱落形成粗糙的斑痕；叶片长圆形，先端渐尖，基部不缩短或稍缩短，二回羽状；羽片 25 ~ 35 对，近互生，有柄，线状披针形，先端长渐尖，基部不对称；小羽片 25 ~ 28 对，无柄，近菱形，先端急尖，基部不对称，上侧截形，下侧狭楔形，多少下延，边缘有粗而不整齐的锯齿。叶脉正面明显，在上侧基部 1 ~ 2 组为羽状，其余各脉二叉分枝。孢子囊群每小羽片上有 8 ~ 9 枚，位于裂片基部；囊群盖杯形，棕色，被棕色短毛。

海拔：520 m

张宪春等 11824 (PE)；张梦华等 11757 (PE)

蕨属 **Pteridium** Gled. ex Scop.

蕨 **Pteridium aquilinum** var. **latiusculum** (Desv.) Underw. ex Heller

植株高达 1 m 或更高。根状茎长而横走，密被锈黄色柔毛，以后脱落。叶远生；叶柄棕禾秆色，略有光泽，正面有 1 条浅纵沟；叶片阔三角形或长圆三角形，先端渐尖，基部圆楔形，三回羽状；羽片 4 ~ 6 对，基部 1 对最大，三角形，二回羽状；小羽片约 10 对，互生，披针形，先端尾状渐尖，基部具短柄，一回羽状；裂片平展，长圆形，钝头或近圆头，全缘。叶脉羽状，侧脉二至三叉，下面明显；叶正面无毛，背面在裂片主脉上偶有灰白色的毛。孢子囊群线形，连续或间断；囊群盖两层，外盖厚膜质近全缘，内盖薄膜质边缘不整齐。

海拔：1 620 ~ 1 650 m

张宪春等 12659 (PE)；张梦华等 11690 (PE)；鄂神农架植考队 31298 (PE)；张代贵 zdg2303 (JIU)

毛轴蕨 **Pteridium revolutum** (Blume) Nakai

植株高达 1 m 以上。根状茎横走。叶远生；叶柄禾秆色，正面有 1 条纵沟，幼时被柔毛，老时脱落；叶片阔三角形或卵状三角形，三回羽状；羽片 4 ~ 6 对，对生，具柄，长圆形，基部 1 对最大，二回羽状；小羽片 12 ~ 16 对，对生或互生，无柄，与羽轴合生，先端短尾状渐尖，基部平截，深羽裂几达小羽轴；裂片披针状镰刀形，通常全缘。叶脉羽状，侧脉二叉分枝；叶下面被浅棕色密毛，边缘常反卷。孢子囊群沿羽片边缘着生，线形，连续；囊群盖两层，膜质，外盖边缘有齿，内盖边缘撕裂状。

海拔：800 ~ 1 900 m

张梦华等 11786 (PE)；236–6 队 2606 (PE)；中美联合鄂西植物考察队 674 (PE)，1673 (PE)；神农架队 21356 (PE)；X. C. Zhang 3368 (PE)；周，董 76050 (PE)

13. 冷蕨科 Cystopteridaceae

冷蕨属 **Cystopteris** Bernh.

冷蕨 **Cystopteris fragilis** (L.) Bernh.

根状茎短横走，先端和叶柄基部被有浅褐色阔披针形鳞片。叶近生；叶柄一般短于叶片，基部褐色，向上禾秆色，鳞片稀疏；叶片阔披针形，短渐尖头，通常二回羽裂至二回羽状，小羽片羽裂；羽片12～15对，几无柄，卵状披针形，先端钝尖，基部上侧与叶轴并行，下侧斜切；一回小羽片5～7对，长圆形，先端钝尖，基部上侧平截，下侧楔形，边缘全缘或有锯齿，或羽状分裂。叶脉羽状，小脉伸达锯齿先端；叶轴及羽轴具稀疏的单细胞至多细胞长节状毛。孢子囊群小，圆形，背生于小脉中部；囊群盖卵形，膜质。

海拔：1 700 m

张宪春等 12007 (PE)

宝兴冷蕨 **Cystopteris moupinensis** Franch.

根状茎细长横走，和叶柄基部同被褐色柔毛及少数膜质鳞片。叶远生；叶柄禾秆色或栗褐色；叶片三角状卵圆形，渐尖头，一回羽状，羽片羽裂至三回羽状；羽片约 10 对，斜向上，近对生；一回小羽片 8 ~ 12 对，上先出，三角状卵形，钝尖，并有锯齿，互生，羽状或深羽裂达小羽轴；末回小羽片或裂片约 4 对，卵圆形。叶脉两面可见，小脉一至数回分叉，伸达锯齿间的缺刻处。孢子囊群小，圆形；囊群盖近圆形或半杯形，灰绿色或褐黄色，膜质，不具头状细微腺体。

未采标本。

羽节蕨属 **Gymnocarpium** Newman

羽节蕨 **Gymnocarpium jessoense** (Koidz.) Koidz.

根状茎细长横走，先端被褐色卵状披针形鳞片。叶远生；叶柄禾秆色，基部疏被鳞片；叶片五角状广卵形，长宽几相等，先端渐尖，基部阔楔形，二回羽状，小羽片羽裂；基部 1 对羽片与叶片上部其余部分几等大，基部近截形，一回羽状，小羽片羽裂；小羽片 5 ~ 6 对，长圆状披针形，先端急尖，基部圆楔形，无柄，近对生。叶脉在裂片上为羽状，小脉单一，下面明显；叶轴及羽轴不具腺体。孢子囊群无盖，近圆形，生于小脉背部，在中肋两侧各排列成整齐的一行。

海拔：2 650 ~ 2 800 m

X. C. Zhang 3437 (PE)；向巧萍等 12379 (PE)

东亚羽节蕨 **Gymnocarpium oyamense** (Baker) Ching

根状茎细长横走，被红褐色阔披针形鳞片。叶远生；叶柄禾秆色，有光泽，正面有纵沟，基部被鳞片，先端以关节和叶片相连；叶片卵状三角形，先端渐尖，基部呈心形，一回羽状深裂；裂片 6 ~ 9 对，对生，阔披针状镰刀形，先端向上弯，基部以阔翅彼此相连，边缘浅裂至深裂。叶脉略可见；叶两面均无毛。孢子囊群长圆形，生于裂片上的小脉中部，位于主脉两侧，彼此远离。

海拔：1 620 m

张梦华等 11686 (PE)

14. 铁角蕨科 Aspleniaceae

铁角蕨属 Asplenium L.

广布铁角蕨 Asplenium anogrammoides Christ

植株高约 10 cm。根状茎短而直立，先端密被深褐色线形鳞片。叶簇生；叶柄淡绿色，基部疏被与根状茎上同样的鳞片，向上近光滑，正面有纵沟；叶片披针形，先端渐尖，基部几不变狭，二回羽状；羽片互生或对生，一回羽状；小羽片上先出，基部上侧 1 片较大。叶脉二至三回二叉分枝，斜向上，伸入锯齿先端，但不达边缘。孢子囊群椭圆形，斜向上，位于小羽片的中央，成熟后铺满小羽片下面；囊群盖椭圆形，灰白色，薄膜质，全缘，开向主脉或羽轴，宿存。

海拔：860 ~ 2 440 m

向巧萍等 12352 (PE)，12493 (PE)；张宪春等 12534 (PE)，12544 (PE)，12558 (PE)，12603 (PE)，12604 (PE)，12680 (PE)，12711 (PE)，12715 (PE)，12787 (PE)

华南铁角蕨 **Asplenium austrochinense** Ching

植株高 30 ~ 40 cm。根状茎短粗，先端密被褐棕色披针形鳞片。叶近生；叶柄下部为青灰色，向上为灰禾秆色，正面有纵沟；叶片阔披针形，渐尖头，二回羽状；羽片 10 ~ 14 对，对生或互生，有长柄，基部羽片不缩短，披针形，一回羽状；小羽片 3 ~ 5 对，互生，上先出，基部上侧 1 片较大；羽轴两侧有狭翅。叶脉两面明显，小脉扇状二叉分枝，几达叶边。孢子囊群短线形，褐色，生于小脉中部或中部以上；囊群盖线形，棕色，厚膜质，全缘，开向主脉或叶边。

海拔：420 m

张宪春等 12775 (PE)

大盖铁角蕨 **Asplenium bullatum** Wall. ex Mett.

植株高达 100 cm。根状茎粗壮、直立，先端密被褐棕色披针形鳞片。叶簇生；叶柄淡绿色，正面有浅阔纵沟，基部被鳞片；叶片椭圆形，渐尖头，三回羽状；羽片 16 ~ 19 对，二回羽状，互生或对生，披针形，渐尖头，基部不对称；小羽片 11 ~ 13 对，互生，上先出，羽状；末回小羽片 3 ~ 4 对，基部上侧 1 片最大，长卵形，基部不对称且与小羽轴合生并以狭翅下延。叶脉两面略可见，小脉单一或二叉，先端有水囊。孢子囊群椭圆形，深棕色；囊群盖椭圆形，灰白色，膜质，全缘，开向主脉，宿存。

海拔：520 m

张宪春等 11834 (PE)

线柄铁角蕨 **Asplenium capillipes** Makino

植株高 3 ~ 8 cm，细弱。根状茎短而直立，先端被黑褐色阔披针形鳞片。叶簇生；叶柄草绿色，光滑，正面有纵沟；叶轴顶端常有 1 枚小芽胞；叶片线状披针形，先端渐尖，二回羽状；羽片 5 ~ 11 对，互生或对生，几无柄，基部 1 对不缩短，近一回羽状；小羽片 2 ~ 4 片，通常三出，椭圆形，基部与羽轴合生并下延。叶脉两面均明显，小脉单一，每裂片 1 脉，先端有水囊，不达边缘。孢子囊群近椭圆形；囊群盖灰绿色，膜质，全缘，开向主脉或叶边，宿存。

海拔：1 330 ~ 1 380 m

张宪春等 12709 (PE)；金摄郎等 JSL7703 (CSH)

圆叶铁角蕨 **Asplenium dolomiticum** (Lovis & Reichst.) Á. Löve & D. Löve

植株高 2 ~ 10 cm。根状茎直立，密被黑棕色、近全缘鳞片。叶簇生；叶柄绿色，基部栗色或黑棕色，被短腺毛和纤维状鳞片；叶片三角形，先端钝，一至二回羽状；羽片 1 ~ 4 对，近对生或互生，基部 1 对最大，三角形，有柄；小羽片宽扇形至菱形，基部宽楔形，边缘具不规则牙齿。叶脉不明显，扇状二叉分枝，达于叶边。叶近革质，干燥后灰绿色；叶轴及羽轴与叶柄同色，被小鳞片及短腺毛。孢子囊群近椭圆形；囊群盖薄膜质，边缘有长毛，成熟后被孢子囊掩盖。

海拔：1 500 m

向巧萍等 12351 (PE)

易变铁角蕨 **Asplenium fugax** Christ

植株高 3 ~ 8 cm。根状茎短而直立，被深棕色、边缘流苏状的鳞片。叶簇生；叶柄绿色，正面具浅纵沟；叶片狭三角形，二回羽状，先端通常延伸呈鞭状并生有小芽胞；羽片约 10 对，互生或近对生，具短柄，羽状；小羽片 1 ~ 2 对，椭圆形，基部楔形，边缘全缘，先端锐尖。叶薄草质，干后绿色或灰绿色；叶轴绿色，正面具纵沟。孢子囊群近椭圆形；囊群盖同形，膜质，全缘，宿存。

海拔：1 680 m

蒋道松 0237 (HUST)

肾羽铁角蕨 **Asplenium humistratum** Ching ex H. S. Kung

植株高 10 ~ 23 cm。根状茎短而直立，先端被黑褐色披针形鳞片。叶簇生；叶柄黑色，有光泽，基部被鳞片；叶片线形，两边平行，先端钝头，向基部略变狭，一回羽状；羽片 28 ~ 42 对，对生或互生，平展，近无柄，中部羽片同大，近肾形，边缘全缘或外缘及上缘为微波状，下部羽片向下渐疏离，并极度缩小。叶脉羽状，两面均不显，小脉单一或二叉，不达叶边。孢子囊群椭圆形，棕色；囊群盖椭圆形，灰棕色，厚膜质，全缘，开向主脉。

海拔：1 240 m

张宪春等 12596 (PE)

虎尾铁角蕨 **Asplenium incisum** Thunb.

植株高 10 ~ 25 cm。根状茎短而直立，先端被黑色全缘、披针形鳞片。叶簇生；叶柄栗褐色或红棕色，正面有浅阔纵沟，基部疏生鳞片，以后脱落；叶片阔披针形，两端渐狭，二回羽状；羽片约 20 对，互生或近对生，卵形或长圆形；小羽片 4 ~ 6 对，互生，基部 1 对较大，卵形，圆头并有粗齿牙，基部楔形，无柄或多少与羽轴合生并沿羽轴下延。叶脉两面均可见，侧脉二叉或单一，先端有水囊，伸入齿牙，但不达叶边。孢子囊群椭圆形，棕色；囊群盖椭圆形，灰黄色，膜质，全缘。

海拔：740 ~ 1 360 m

张宪春等 11902 (PE)，12662 (PE)

胎生铁角蕨 Asplenium indicum Sledge

植株高 20 ~ 45 cm。根状茎短而直立，密被棕褐色披针形全缘鳞片。叶簇生；叶柄灰绿色，正面有纵沟，疏被红棕色狭披针形小鳞片；叶片阔披针形，一回羽状；羽片 8 ~ 20 对，互生或对生，有短柄，菱形，基部上侧截形，有耳状凸起，边缘有不规则的裂片。叶脉明显，侧脉二回二叉，不达叶边。叶近革质，干后草绿色；叶轴禾秆色，疏被纤维状小鳞片，在羽片腋间有 1 枚芽胞。孢子囊群线形，成熟时褐棕色，彼此密接；囊群盖线形，灰棕色，膜质，全缘，生于小脉上侧的开向主脉，生于小脉下侧的开向叶边，宿存。

海拔：1 170 ~ 1 390 m

张梦华等 11737 (PE)；张宪春等 12759 (PE)，12766 (PE)

北京铁角蕨 Asplenium pekinense Hance

植株高 15 ~ 25 cm。根状茎短而直立，先端被黑褐色鳞片。叶簇生；叶柄淡绿色，被鳞片；叶片披针形，三回羽裂；羽片约 10 对，对生或互生，下部羽片略缩短，中部羽片三角状椭圆形，一回羽状；小羽片 2 ~ 3 对，互生，上先出，基部上侧 1 片最大；裂片先端有锐尖的小齿牙，两侧全缘。叶脉两面明显，小脉二叉分枝，伸入齿牙的先端，但不达边缘。孢子囊群椭圆形，成熟后深棕色；囊群盖灰白色，膜质，全缘。

海拔：1 690 m

向巧萍等 12475 (PE)

长叶铁角蕨 **Asplenium prolongatum** Hook.

植株高 20 ~ 40 cm。根状茎短而直立，先端被披针形黑褐色鳞片。叶簇生；叶柄淡绿色，正面有纵沟，幼时与叶片被褐色鳞片，成熟后变光滑；叶轴顶端呈鞭状而生根；叶片线状披针形，二回羽状；羽片 20 ~ 24 对，对生或互生，近无柄，下部羽片不缩短；小羽片互生，上先出，狭线形，钝头，基部与羽轴合生并以阔翅相连。叶脉明显，每小羽片或裂片有 1 条小脉，先端有水囊，不达叶边。孢子囊群狭线形，深棕色；囊群盖狭线形，灰绿色，膜质，全缘，开向叶边，宿存。

海拔：450 ~ 2 171 m

张宪春等 11801 (PE)；张代贵 zdg4177 (JIU)

叶基宽铁角蕨 **Asplenium pulcherrimum** (Baker) Ching ex Tardieu

植株高 10 ~ 25 cm。根状茎直立，先端被深棕色边缘流苏状鳞片。叶簇生；叶柄紫黑色；叶片三角形，基部截形，先端渐尖，三至四回羽状；羽片 12 ~ 16 对，近对生到互生，基部 1 对羽片最大，基部截形，三回羽状。叶脉正面稍凸起或扁平，顶生小脉不达叶边。叶坚草质，绿色，具多细胞毛或近无毛；叶轴紫黑色，正面具槽。孢子囊群卵圆形；囊群盖同形，膜质，透明，全缘，宿存。

海拔：750 m

王晖 0233 (SZG)

过山蕨 **Asplenium ruprechtii** Sa. Kurata

植株高达 20 cm。根状茎短而直立，先端被黑褐色膜质鳞片。叶簇生；基生叶不育，较小，椭圆形，钝头；能育叶较大，披针形，全缘或略呈波状，基部楔形以狭翅下延于叶柄，先端渐尖，且延伸呈鞭状，着地生根进行无性繁殖。叶脉网状，沿主脉两侧各有 1 ~ 3 行网眼，网外小脉分离，不达叶边。孢子囊群椭圆形；囊群盖膜质，灰绿色，向主脉开口。

海拔：1 650 m

向巧萍等 12488 (PE)

华中铁角蕨 Asplenium sarelii Hook.

植株高 10 ~ 23 cm。根状茎短而直立，先端被狭披针形黑褐色鳞片。叶簇生；叶柄淡绿色，近光滑，正面有纵沟；叶片椭圆形，三回羽裂；羽片 8 ~ 10 对，对生或互生，基部 1 对最大或与第二对同大，卵状三角形，二回羽裂；小羽片 4 ~ 5 对，互生，上先出，基部上侧 1 片较大，卵形，羽状深裂达于小羽轴；裂片 5 ~ 6 片，斜向上，狭线形。叶脉两面明显，小脉在裂片上为二至三叉，不达叶边。孢子囊群近椭圆形，棕色；囊群盖灰绿色，膜质，全缘，开向主脉。

海拔：290 ~ 650 m

张宪春等 11917 (PE)，12796 (PE)

细茎铁角蕨 **Asplenium tenuicaule** var. **tenuicaule** Hayata

植株高 8 ~ 10 cm。根状茎短而直立，先端被褐棕色卵状披针形鳞片。叶簇生；叶柄正面暗绿色并有纵沟，背面褐棕色，基部疏被鳞片；叶片披针形，先端渐尖，二回羽状；羽片 12 ~ 18 对，互生，有短柄，下部羽片略缩短，中部羽片三角状卵形，一回羽状；小羽片 2 ~ 3 对，互生，上先出，基部上侧 1 片最大，基部楔形，下延，顶端 2 ~ 3 浅裂，两侧全缘。叶脉正面明显，小脉扇状二叉分枝，不达叶边。孢子囊群阔线形，沿羽轴两侧排列；囊群盖阔线形，淡绿色，膜质，全缘，开向羽轴或主脉，宿存。

海拔：1 300 ~ 1 580 m

向巧萍等 12444 (PE)，12496 (PE)；X. C. Zhang 3349 (PE)，3373 (PE)，3377 (PE)

钝齿铁角蕨 **Asplenium tenuicaule** var. **subvarians** (Ching) Viane

《神农架植物志》1: 93, f. 14–12. 2017，记载产于神农架红坪，本次考察未见。

铁角蕨 **Asplenium trichomanes** L.

植株高 10 ~ 25 cm。根状茎短而直立，被黑色线状披针形鳞片。叶簇生；叶柄栗褐色，有光泽，基部被与根状茎上同样的鳞片，向上光滑，正面有 1 条纵沟，两边有棕色的膜质全缘狭翅。叶片长线形，一回羽状；羽片 20 ~ 30 对，基部的对生，向上对生或互生，近无柄，中部羽片同大，椭圆形或卵形，圆头，有钝齿牙。叶脉羽状，两面均不明显，小脉二叉，偶有单一。孢子囊群阔线形，黄棕色；囊群盖阔线形，灰白色，膜质，全缘，开向主脉，宿存。

海拔：1 150 ~ 2 440 m

张宪春等 12128 (PE)，12562 (PE)，12570 (PE)，12608 (PE)，12615 (PE)，12625 (PE)，12642 (PE)，12650 (PE)，12658 (PE)，12685 (PE)；向巧萍等 12357 (PE)，12482 (PE)；神农架队 20749 (PE)；鄂神农架植考队 11644 (PE)，11877 (PE)，20153 (PE)，30072 (PE)

三翅铁角蕨 **Asplenium tripteropus** Nakai

植株高 15 ~ 30 cm。根状茎短而直立，先端被深褐色线状披针形鳞片。叶簇生；叶柄乌木色，有光泽，基部被鳞片，叶轴向顶部常有 1 ~ 2 枚被鳞片的腋生芽胞；叶片长线形，两端渐狭，一回羽状；羽片 23 ~ 35 对，对生或互生，平展，无柄，边缘除基部为全缘外，其余均有细钝锯齿。叶脉羽状，两面均不可见，小脉二叉。孢子囊群椭圆形，锈棕色；囊群盖椭圆形，膜质，灰绿色，全缘，开向主脉。

海拔：520 ~ 1 190 m

张宪春等 12528 (PE)，12772 (PE)，11829 (PE)；张梦华等 11764 (PE)

狭翅铁角蕨 **Asplenium wrightii** Eaton ex Hook.

《神农架植物志》1: 91, f. 14–6. 2017，记载产于神农架下谷，本次考察未见。

欧亚铁角蕨 **Asplenium viride** Hudson

植株高 10 cm。根状茎短而直立，或长而斜升，栗褐色，先端密被黑色披针形鳞片。叶簇生；叶柄红棕色或栗褐色，向上为草绿色，有光泽，略被褐色纤维状鳞片；叶片线形，两端渐狭，先端长渐尖，一回羽状；羽片约 15 对，基部的对生，向上互生，近斜方形，先端钝圆，外缘有粗圆齿；叶脉羽状，两面略可见，小脉多为二叉，斜展，不达叶边。孢子囊群椭圆形，棕色，紧靠主脉，成熟时近会合；囊群盖同形，白绿色，薄膜质，全缘，开向主脉，宿存。

产于神农架望塔—凉风垭公路边，海拔 2 600 ~ 2 800 m。

未采标本。

膜叶铁角蕨属 **Hymenasplenium** Hayata

荫湿膜叶铁角蕨 **Hymenasplenium obliquissimum** (Hayata) Sugim.

植株高 20 ~ 30 cm。根状茎长而横走，先端密被灰棕色鳞片；叶柄栗褐色，基部疏被与根状茎上相同的鳞片，向上光滑；叶片披针形，一回羽状；羽片约 20 对，互生，近无柄，基部不对称，斜楔形。叶脉羽状，两面明显，小脉二叉，偶有单一，伸向锯齿顶端但不达叶边。叶草质，干后灰绿色，两面光滑；叶轴栗褐色，有光泽，正面有浅沟。孢子囊群线形，生于小脉中部；囊群盖同形，浅棕色，膜质，全缘，宿存。

海拔：520 m

张宪春等 11804 (PE)

15. 肠蕨科 Diplaziopsidaceae

肠蕨属 **Diplaziopsis** C. Chr.

川黔肠蕨 **Diplaziopsis cavaleriana** (Christ) C. Chr.

《神农架植物志》1: 94, f. 15–1. 2017，记载产于神农架巴东、兴山，本次考察未见。

16. 轴果蕨科 Rhachidosoraceae

轴果蕨属 **Rhachidosorus** Ching

轴果蕨 **Rhachidosorus mesosorus** (Makino) Ching

《神农架植物志》1: 108, f. 18–1. 2017，记载产于神农架各地，本次考察未见。

17. 金星蕨科 Thelypteridaceae

钩毛蕨属 **Cyclogramma** Tagawa

小叶钩毛蕨 **Cyclogramma flexilis** (Christ) Tagawa

植株高 30 ~ 60 cm。根状茎长而横走，黑色，疏被黑褐色披针形鳞片。叶近生；叶柄基部黑色，疏被黑棕色、三角状披针形鳞片，向上为禾秆色，近光滑；叶片狭披针形，基部不变狭，二回羽状深裂；羽片 12 ~ 20 对，互生或对生，无柄；裂片约 10 对，长圆形，圆钝头，边缘全缘。叶脉下面明显，侧脉单一，每裂片 4 ~ 9 对。叶纸质，背面被灰白色短毛，并混生少数针状长毛，正面仅沿羽轴纵沟密被短针毛，叶轴在羽片着生处具浅棕色疣状气囊体。孢子囊群圆形，每裂片 4 ~ 6 对；孢子囊近顶部有 1 ~ 2 根短刚毛。

海拔：500 ~ 690 m

张宪春等 11837 (PE)，12516 (PE)

毛蕨属 **Cyclosorus** Link

渐尖毛蕨 **Cyclosorus acuminatus** (Houtt.) Nakai

植株高约 80 cm。根状茎长而横走，深棕色，先端被棕色披针形鳞片。叶远生；叶柄褐色，无鳞片，向上渐变为深禾秆色；叶片长圆状披针形，先端尾状渐尖并羽裂，基部不变狭，二回羽裂；羽片 13 ~ 18 对，有极短柄，互生，或基部的对生，中部以下的羽片基部较宽，披针形，渐尖头；裂片 18 ~ 24 对，基部上侧 1 片最长，披针形。叶脉下面清晰，侧脉单一。叶坚纸质，羽轴背面被针状毛，羽片正面被极短的糙毛。孢子囊群圆形，每裂片 5 ~ 8 对；囊群盖深棕色，密生短柔毛，宿存。

海拔：690 ~ 705 m

张宪春等 11888 (PE)，12507 (PE)；张代贵 ZZ120221784 (JIU)，zdg4064 (JIU)

干旱毛蕨 **Cyclosorus aridus** (D. Don) Ching

植株高达 1.4 m。根状茎横走，黑褐色，连同叶柄基部疏被棕色的披针形鳞片。叶远生；叶柄黑褐色，向上渐变为淡褐禾秆色，近光滑；叶片阔披针形，渐尖头，基部渐变狭，二回羽裂；羽片约 36 对，下部几对逐渐缩小呈耳状，近对生，中部羽片互生，披针形，渐尖头；裂片约 25 对，三角形，尖头，全缘。叶脉两面清晰，侧脉斜上。叶近革质，正面近光滑，背面沿叶脉疏生短针状毛，并饰有长圆形腺体。孢子囊群每裂片 6 ~ 8 对；囊群盖小，膜质，鳞片状，淡棕色，无毛，宿存。

海拔：690 m

张宪春等 12507 (PE)

方秆蕨属 Glaphyropteridopsis Ching

毛囊方秆蕨 Glaphyropteridopsis eriocarpa Ching

《神农架植物志》1: 104, f. 17–10. 2017，记载产于神农架阳日湾硝洞沟，本次考察未见。

粉红方秆蕨 Glaphyropteridopsis rufostraminea (Christ) Ching

植株高达 100 cm。根状茎横走，光滑。叶近生；叶柄禾秆色，光滑；叶片长圆披针形，先端渐尖并羽裂，基部不变狭，二回羽状深裂几达羽轴；羽片 20 ~ 28 对，对生或近互生，无柄，线状披针形，长渐尖头；中部羽片基部较宽，近平截，紧靠叶轴，羽裂几达羽轴；裂片约 35 对，线状镰刀形，基部 1 对较长，急尖头，全缘。叶脉明显，侧脉单一，斜上。叶纸质，背面密被长针状毛，正面仅被短刚毛。孢子囊群圆形，每裂片 3 ~ 5 对，囊群盖上满布针状毛；孢子囊体近顶处也被针状毛。

海拔：450 ~ 853 m

张宪春等 11863 (PE)，12004 (PE)，12030 (PE)，12805 (PE)；张代贵 zdg6530 (JIU)

针毛蕨属 **Macrothelypteris** (H. Itô) Ching

针毛蕨 **Macrothelypteris oligophlebia** var. **oligophlebia** (Baker) Ching

植株高达 150 cm。根状茎短而斜升，连同叶柄基部被深棕色披针形鳞片。叶簇生；叶柄禾秆色，基部以上光滑；叶片三角状卵形，先端渐尖并羽裂，基部不变狭，三回羽裂；羽片约 14 对，互生或对生，有柄，基部 1 对较大，长圆披针形；小羽片 15 ~ 20 对，互生，中部的较大，披针形，渐尖头。叶脉下面明显，侧脉单一或二叉。叶草质，正面沿羽轴及小羽轴被灰白色的短针毛。孢子囊群圆形；囊群盖圆肾形，灰绿色，光滑，成熟时脱落或隐没于囊群中。

海拔：1 880 m

张宪春等 12009 (PE)

雅致针毛蕨 **Macrothelypteris oligophlebia** var. **elegans** (Koid.) Ching

植株高达 1 m。根状茎短而横卧，疏生褐色、有睫毛的披针形鳞片。叶近生；叶柄禾秆色，基部疏生鳞片，向上光滑；叶片三角状卵形，三回深羽裂；羽片约 15 对，互生或近对生，阔披针形，渐尖头，二回深羽裂；小羽片约 20 对，披针形，互生，无柄，羽状深裂；裂片狭长圆形，钝头，全缘或偶有圆齿。叶脉羽状，侧脉单一或偶有分叉，不达叶边；叶草质，近光滑。孢子囊群小，圆形；囊群盖圆肾形，质厚，易脱落。

与原变种的区别在于羽片下面沿羽轴、小羽轴均被有灰白色的单细胞短针状毛。

海拔：705 ~ 1 050 m

张梦华等 11745 (PE)；张宪春等 11897 (PE)，12543 (PE)

翠绿针毛蕨 **Macrothelypteris viridifrons** (Tagawa) Ching

植株高达 110 cm。根状茎短而直立，先端被红棕色披针形鳞片。叶簇生；叶柄禾秆色，基部被灰白色的短针毛；叶片先端渐尖并羽裂，向基部不变狭，四回羽裂；羽片 10 ~ 12 对，互生或近对生，基部 1 对最大，长圆披针形，渐尖头；一回小羽片约 10 对，互生，基部 1 对略缩短，具短柄，二回羽裂；二回小羽片披针形，钝头，基部下延，彼此沿小羽轴两侧以狭翅相连。叶脉可见，侧脉单一。叶薄草质，背面被针状毛，正面沿小羽轴有短针状毛。孢子囊群圆形；囊群盖圆肾形，绿色，膜质，背面有 1 ~ 2 根长柔毛，成熟后不见。

海拔：740 m

张宪春等 11905 (PE)

凸轴蕨属 **Metathelypteris** (H. Itô) Ching

疏羽凸轴蕨 **Metathelypteris laxa** (Franch. & Sav.) Ching

植株高 30 ~ 60 cm。根状茎横走或斜升，连同叶柄基部被灰白色的短毛和红棕色披针形鳞片。叶近生；叶柄浅禾秆色，基部以上近光滑；叶片先端渐尖并羽裂，基部几不变狭，二回羽状深裂；羽片 8 ~ 18 对，近对生，线状披针形，基部截形，近对称，羽状深裂达羽轴两侧的狭翅。叶脉可见，侧脉二叉或单一，不达叶边。叶草质，背面遍布灰白色短柔毛，正面沿叶轴、羽轴和叶脉被针状毛。孢子囊群圆形，每裂片

4 ~ 6 对，较靠近叶边；囊群盖小，圆肾形，膜质，绿色，背面疏生柔毛。

海拔：450 m

张宪春等 11874 (PE)

金星蕨属 **Parathelypteris** (H. Itô) Ching

光脚金星蕨 **Parathelypteris japonica** (Baker) Ching

《神农架植物志》1: 101, f. 17–6. 2017，记载产于神农架各地，本次考察未见。

中日金星蕨 **Parathelypteris nipponica** (Franch. & Sav.) Ching

植株高 40 ~ 60 cm。根状茎长而横走，近光滑。叶近生；叶柄基部褐棕色，被红棕色阔卵形鳞片，向上为亮禾秆色，光滑；叶片倒披针形，先端渐尖并羽裂，向基部逐渐变狭，二回羽状深裂；羽片 25 ~ 33 对，向下逐渐缩小呈小耳形，中部羽片互生，无柄，披针形；裂片约 18 对，长圆形，全缘或边缘具浅粗锯齿。叶脉明显，侧脉单一。叶草质，下面沿羽轴、主脉和叶缘被单细胞针状毛，脉间密被腺毛及少数橙黄色圆球形腺体。孢子囊群圆形，每裂片 3 ~ 4 对；囊群盖圆肾形，棕色，膜质，背面被少数灰白色长针状毛。

海拔：1 220 ~ 2 200 m

张宪春等 11910 (PE)，12580 (PE)，12744 (PE)；向巧萍等 12454 (PE)；X. C. Zhang 3337 (PE)；鄂神农架植考队 10980 (PE)；中美联合鄂西植物考察队 306 (PE)

卵果蕨属 **Phegopteris** (C. Presl) Fée

卵果蕨 **Phegopteris connectilis** (Michx.) Watt

植株高 20 ~ 35 cm。根状茎长而横走，先端被棕色卵状披针形的薄鳞片。叶远生；叶柄褐棕色，疏被鳞片，向上为禾秆色，近光滑；叶片三角形，长宽几相等，二回羽裂；羽片约 10 对，对生，披针形，基部 1 对最大，渐尖头；裂片长圆形，先端圆或钝，边缘全缘或波状浅裂。叶脉羽状，侧脉单一或偶有分叉。叶两面疏被灰白色针状长毛，沿叶轴和羽轴被鳞片。孢子囊群卵圆形，顶生侧脉上，靠近叶边，无盖；孢子囊顶部近环带处有 1 ~ 2 根刚毛。

海拔：2 516 ~ 2 840 m

X. C. Zhang 3439 (PE)；向巧萍等 12367 (PE)，12368 (PE)，12382 (PE)；张宪春等 12049 (PE)

延羽卵果蕨 **Phegopteris decursive-pinnata** (H. C. Hall) Fée

植株高 30 ~ 60 cm。根状茎短而直立，连同叶柄基部被红棕色、具长缘毛的狭披针形鳞片。叶簇生；叶柄淡禾秆色；叶片披针形，向基部渐变狭，一回羽状至二回羽裂；羽片约 25 对，互生，斜展，中部的最大，狭披针形，先端渐尖，基部变阔并沿叶轴以三角形的翅相连；叶脉羽状，侧脉单一，伸达叶边。叶轴、羽轴和叶脉两面被灰白色的单细胞针状短毛，背面混生顶端分叉或呈星状的毛，叶轴和羽轴背面被鳞片。孢子囊群近圆形，顶生脉端，无盖。

海拔：500 ~ 1 500 m

张梦华等 11733 (PE)；张宪春等 12531 (PE)，12553 (PE)，12734 (PE)；236-6 队 2355 (PE)；神农架队 20274 (PE)；中美联合鄂西植物考察队 246 (PE，NAS)，1433 (PE，NAS)

新月蕨属 Pronephrium C. Presl

披针新月蕨 Pronephrium penangianum (Hook.) Holtt.

植株高达 2 m。根状茎长而横走，褐棕色，偶有棕色披针形鳞片。叶远生；叶柄褐棕色，向上渐变为淡红棕色，光滑；叶片长圆披针形，奇数一回羽状；侧生羽片 10 ~ 15 对，互生，有短柄，阔线形，渐尖头，基部阔楔形，边缘有软骨质的尖锯齿，或深裂成齿牙状，上部的羽片略缩短，顶生羽片和中部的同形同大。叶脉下面明显，小脉约 10 对，先端联结，在侧脉间基部形成一个三角形网眼。叶纸质，遍体光滑。孢子囊群圆形，无盖。

海拔：350 ~ 1 000 m

张梦华等 11791 (PE)；中美联合鄂西植物考察队 492 (PE)；鄂神农架植考队 30429 (PE)

假毛蕨属 **Pseudocyclosorus** Ching

西南假毛蕨 **Pseudocyclosorus esquirolii** (Christ) Ching

植株高达 1.5 m。根状茎横走。叶远生；叶柄深禾秆色，基部以上光滑。叶片阔长圆披针形，先端羽裂渐尖，基部渐变狭，二回深羽裂；羽片多对，向下渐变成三角形耳状，向上互生，无柄，披针形，长尾渐尖头，基部对称，羽裂达离羽轴不远处；裂片 30 ~ 35 对，披针形，钝头，全缘，基部 1 对明显伸长。叶脉可见，每裂片有 8 ~ 12 对侧脉。叶厚纸质，两面脉间光滑无毛，背面沿叶轴和羽轴有针状毛，正面沿羽轴纵沟被伏贴的刚毛。孢子囊群圆形；囊群盖圆肾形，厚膜质，棕色，无毛，宿存。

海拔：520 m

张宪春等 11816 (PE)

普通假毛蕨 **Pseudocyclosorus subochthodes** (Ching) Ching

植株高达 110 cm。根状茎短而横卧，黑褐色，疏被鳞片。叶近簇生；叶柄基部深棕色，疏被棕色鳞片，向上禾秆色，光滑无毛；叶片长圆披针形，基部突然变狭，二回深羽裂；下部有 3 ~ 4 对羽片缩小成三角形耳片，中部正常羽片 26 ~ 28 对，近对生，无柄，披针形；裂片 28 ~ 30 对，披针形，基部 1 对裂片的上侧一片略伸长，全缘。叶脉两面明显，每裂片有侧脉 9 ~ 10 对。叶干后纸质，叶轴、羽轴及叶脉背面近光滑，羽轴正面纵沟被伏贴刚毛。孢子囊群圆形；囊群盖圆肾形，厚膜质，淡棕色，无毛，宿存。

海拔：705 m

张代贵 ly120924036 (JIU)，ly080620043 (JIU)；张宪春等 11889 (PE)

紫柄蕨属 **Pseudophegopteris** Ching

耳状紫柄蕨 **Pseudophegopteris aurita** (Hook.) Ching

植株高达 100 cm。根状茎长而横走，顶部密被长柔毛和棕色具缘毛的鳞片。叶远生；叶柄栗红色，有光泽；叶片卵状披针形，先端渐尖并羽裂，基部略变狭，二回羽状深裂；羽片 10 ~ 18 对，对生，无柄，下部 1 ~ 2 对略缩短，披针形；裂片 15 ~ 20 对，羽轴下侧的裂片较上侧的长，基部 1 对最大。叶脉背面明显，侧脉二叉或单一，顶端有较明显的细纺锤状水囊，不达叶边。叶仅沿羽轴两面被短毛，其余光滑，叶轴正面密被短毛，背面光滑。孢子囊群长圆形，无盖。

海拔：705 m

张宪春 11885 (PE)

星毛紫柄蕨 **Pseudophegopteris levingei** (C. B. Clarke) Ching

植株高 60 ~ 80 cm。根状茎长而横走，被有红棕色、阔披针形鳞片和灰白色的针状毛。叶远生；叶柄禾秆色，下部被与根状茎上相同的鳞片和灰白色的针状毛及不规则分叉的星状毛；叶片披针形，先端长渐尖并羽裂，向基部略变狭，二回羽状深裂；羽片约 20 对，对生，无柄，且向下逐渐缩短成三角形，基部 1 对最小；裂片 8 ~ 15 对，对生，长圆形，基部稍宽，彼此以狭翅相连。叶脉两面可见，侧脉单一或二叉。叶背面沿叶轴、羽轴和叶脉被灰白色星状短毛和针状毛。孢子囊群近圆形，无盖；孢子囊顶端有 2 ~ 3 根刚毛。

海拔：1 154 ~ 2 740 m

张宪春等 12058 (PE)，12644 (PE)，12689 (PE)；向巧萍等 12369 (PE)；X. C. Zhang 3390 (PE)，3410 (PE)

紫柄蕨 **Pseudophegopteris pyrrhorhachis** (Kunze) Ching

植株高达 1 m。根状茎长而横走，顶部密被短毛。叶近生；叶柄栗红色，有光泽，基部被短刚毛及少数披针形鳞片，向上光滑无毛；叶片长圆披针形，二回羽状深裂；羽片 15 ~ 20 对，对生，无柄，一回羽状深裂；小羽片约 20 对，对生，披针形，略呈镰状，先端短渐尖，基部稍变阔，与羽轴合生，彼此以狭翅相连；叶脉不明显，在裂片上羽状，小脉单一；叶草质，正面沿小羽轴及主脉被短刚毛，背面疏被短针毛。孢子囊群卵圆形，靠近叶边着生，无囊群盖；孢子囊近顶部无毛或有 1 ~ 2 根刚毛。

海拔：450 ~ 1 150 m

中美联合鄂西植物考察队 758 (PE)；张宪春等 11881 (PE)

18. 岩蕨科 Woodsiaceae

岩蕨属 **Woodsia** R. Br.

蜘蛛岩蕨 **Woodsia andersonii** (Bedd.) Christ

植株高 10 ~ 20 cm。根状茎直立或斜升，先端被深棕色线状披针形鳞片。叶簇生；叶柄禾秆色，有光泽，无关节，幼时与叶轴均被纤维状小鳞片和节状长毛，老时叶轴仅被疏毛，羽片脱落后叶柄与叶轴宿存；叶片披针形，先端渐尖并为羽裂，基部二回羽状深裂；羽片 6 ~ 9 对，无柄，对生或互生；裂片椭圆形，基部 1 对最大，先端有 2 ~ 3 枚粗齿，两侧全缘或为波状。叶脉不明显，羽状，侧脉分叉，小脉不达叶边。叶草质，两面密被锈色节状长毛。孢子囊群圆形，每裂片有 1 ~ 3 枚；囊群盖由卷曲的长毛组成。

海拔：2 860 m

张宪春等 12691 (PE)

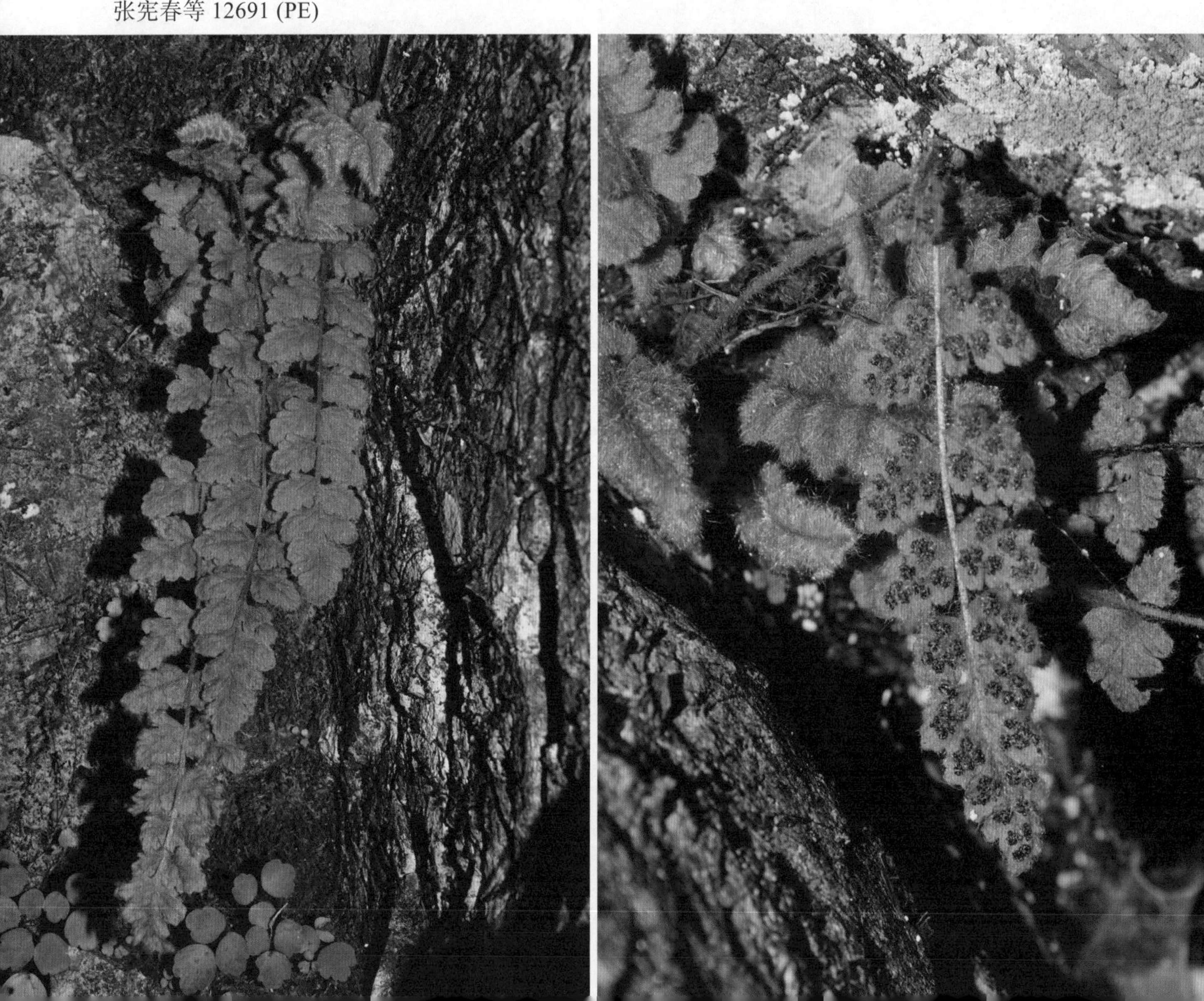

光岩蕨 **Woodsia glabella** R. Br. ex Richards.

Woodsia shennongensis auct. non D. S. Jiang & D. M. Chen: Fl. Shennongjia 1: 97, f. 16-4. 2017.

植株高 5 ~ 10 cm。根状茎短，斜出，与叶柄基部均密被深棕色披针形鳞片。叶簇生；叶柄棕禾秆色，中部以下具水平状关节，向上偶被少数棕色线形小鳞片；叶片线状披针形，先端渐尖，基部略变狭，二回羽裂；羽片 4 ~ 9 对，对生或互生，无柄，下部数对略缩小，基部 1 对为扇形；裂片 2 ~ 3 对，基部 1 对最大，椭圆形，边缘波状或顶部为圆齿状。叶脉明显，在裂片上为多回二歧分枝，小脉先端不达叶边。叶薄草质，无毛。孢子囊群圆形；囊群盖碟形，边缘流苏状，薄膜质，成熟后脱落。

海拔：2 610 ~ 2 930 m

张宪春等 11964 (PE)；向巧萍等 12378 (PE)，12387 (PE)，12470 (PE)；X. C. Zhang 3438 (PE)

膀胱蕨 **Woodsia manchuriensis** Hook.

植株高 15 ~ 20 cm。根状茎短而直立，先端被棕色卵状披针形鳞片。叶簇生；叶柄棕禾秆色，质脆易断，通体疏被短腺毛；叶片披针形，先端渐尖，向基部变狭，二回羽状深裂；羽片 16 ~ 20 对，互生或对生，基部 1 对常为卵形或扇形，中部羽片较大，卵状披针形或长卵形，基部上侧截形，顶部羽片向上逐渐变小，基部与叶轴合生并沿叶轴下延成狭翅。叶脉可见，羽状，小脉斜向上，不达叶边。叶草质，叶两面疏被短腺毛。孢子囊群圆形；囊群盖大，圆球形，黄白色，薄膜质，从顶部开口。

海拔：1 180 ~ 1 390 m

张梦华等 11735 (PE)；张宪春等 12753 (PE)

耳羽岩蕨 **Woodsia polystichoides** D. C. Eaton

Woodsia shensiensis auct. non Ching: Fl. Shennongjia 1: 97, f. 16–3. 2017.

植株高 15 ~ 30 cm。根状茎短而直立，先端被棕色披针形鳞片。叶簇生；叶柄禾秆色，略有光泽，顶端有关节，向上连同叶轴被狭披针形至线形的棕色小鳞片和节状长毛；叶片线状披针形，渐尖头，向基部渐变狭，一回羽状；羽片 16 ~ 30 对，近对生或互生，基部 1 对呈三角形，中部羽片较大，椭圆披针形，基部不对称，上侧有耳形凸起，边缘全缘或呈波状。叶脉明显，羽状，小脉二叉，先端有棒状水囊，不达叶边。叶纸质，正面近无毛，背面被长毛及线形小鳞片。孢子囊群圆形，每裂片有 1 枚；囊群盖杯形，边缘浅裂并有睫毛。

海拔：950 ~ 2 320 m

张宪春等 12569 (PE)，12617 (PE)，12641 (PE)，11945 (PE)，11953 (PE)；向巧萍等 12355 (PE)；张梦华等 11678 (PE)；中美联合鄂西植物考察队 853 (NAS)

神农岩蕨 **Woodsia shennongensis** D. S. Jiang & D. M. Chen

植株高约 8 cm。根状茎短而直立，顶部连同叶柄基部密被棕色、膜质、全缘、钻状披针形鳞片。叶簇生；叶柄黑色，上部连同叶轴密被节状长毛和钻状披针形鳞片；叶片狭披针形，先端羽裂，基部几不变狭，二回羽状；羽片 6 ~ 9 对，互生或近对生，矩圆形或三角状耳形，第二至第四对羽片稍长，先端圆钝，基部几对称并紧贴叶轴。叶脉羽状，分离，不甚明显。叶草质，干后绿色，两面密被浅棕色节状长毛。孢子囊群圆形。

海拔：2 860 ~ 2 870 m

向巧萍等 12463 (PE)；张宪春等 12690 (PE)

19. 蹄盖蕨科 Athyriaceae

安蕨属 **Anisocampium** C. Presl

日本安蕨（日本蹄盖蕨）**Anisocampium niponicum** (Mett.) Y. C. Liu, W. L. Chiou & M. Kato

根状茎横卧或斜升，先端和叶柄基部密被浅褐色狭披针形的鳞片。叶簇生；叶柄基部黑褐色，向上禾秆色，疏被鳞片；叶片卵状长圆形，先端急狭缩，基部阔圆形，中部以上二至三回羽状；羽片互生，披针形，下部的较大，二回羽状深裂；小羽片 12 ~ 15 对，互生，阔披针形，下部各对较大，羽状深裂；裂片长圆形，边缘有尖锯齿。叶脉羽状，背面明显。叶薄纸质，两面无毛；叶轴和羽轴背面略被小鳞片。孢子囊群长圆形或马蹄形；囊群盖同形，褐色，膜质，边缘略呈啮蚀状。

海拔：740 ~ 1 510 m

张宪春等 11901 (PE)，12535 (PE)；向巧萍等 12347 (PE)；神农架植物考察队 11249 (PE)

华东安蕨 **Anisocampium sheareri** (Baker) Ching

根状茎长而横走，疏被浅褐色披针形鳞片。叶近生或远生；叶柄基部疏被与根状茎上同样的鳞片，向上禾秆色，近光滑；叶片卵状长圆形，先端渐尖，基部圆楔形，一回羽状，顶部羽裂；羽片 2 ~ 7 对，镰刀状披针形，长渐尖头，基部圆形；裂片卵圆形，有长锯齿，向上的裂片逐渐缩小。叶脉分离，在裂片上为羽状，侧脉单一或偶有二叉，伸入软骨质的长锯齿内。叶纸质，正面光滑，背面羽轴和主脉被浅褐色小鳞片和灰白色短毛。孢子囊群圆形，每裂片 3 ~ 4 对；囊群盖圆肾形，褐色，膜质，边缘有睫毛，早落。

未采标本。

蹄盖蕨属 **Athyrium** Roth

大叶假冷蕨 **Athyrium atkinsonii** Bedd.

根状茎粗而横卧，先端及叶柄基部被有较多的浅褐色或深褐色卵状鳞片。叶近生；叶柄基部黑褐色，向上渐变为禾秆色，偶有细鳞片；叶片长宽几相等，阔卵形，先端渐尖，二至四回羽状，叶轴和羽轴稍曲折；羽片约 10 对，互生，二回羽裂至三回羽状。叶脉背面明显，侧脉单一，偶有二叉。叶草质，光滑，沿叶轴及各回小羽轴下面偶有膜质、披针形小鳞片。孢子囊群圆形或椭圆形；囊群盖通常圆肾形，膜质，灰褐色，边缘略啮蚀状，易脱落。

海拔：1 590 ~ 2 610 m

向巧萍等 12408 (PE)；张宪春等 11968 (PE)，12040 (PE)，12561 (PE)，12649 (PE)；中美联合鄂西植物考察队 909 (NAS)

剑叶蹄盖蕨 **Athyrium attenuatum** (C. B. Clarke) Tagawa

Athyrium dentigerum (Wall. ex Clarke) Mehra & Bir

Athyrium sinense auct. non Rupr.: Fl. Shennongjia 1: 114, f. 21–1. 2017.

Athyrium omeiense Ching, Fl. Shennongjia 1: 177, quoad f. 21–7. 2017.

根状茎短而直立，先端连同叶柄基部被阔披针形鳞片。叶簇生；叶柄基部黑褐色，向上禾秆色，略被小鳞片；叶片卵状披针形，先端渐尖，基部渐变狭，一至二回羽状；羽片约 20 对，互生，下部几对渐缩短，中部披针形，一回羽裂至一回羽状；小羽片 10 ~ 30 对，对生或互生，狭披针形，基部下侧下延，与羽轴合生；裂片约 8 对，近三角形，先端有短锯齿。叶脉两面可见，侧脉单一。叶草质，光滑；叶轴和羽轴背面被小鳞片和短腺毛。孢子囊群长圆形；囊群盖长圆形或马蹄形，浅褐色，膜质，边缘啮蚀状，宿存。

海拔：1 400 ~ 2 800 m

张宪春等 11966 (PE)，12041 (PE)，11958 (PE)，12590 (PE)，12668 (PE)，12677 (PE)；向巧萍等 12364 (PE)

坡生蹄盖蕨 **Athyrium clivicola** Tagawa

根状茎短而直立，先端被线状披针形鳞片。叶簇生；叶柄基部黑褐色，被与根状茎上同样的鳞片，向上禾秆色，光滑；叶片三角状卵形，顶部急狭缩，二回羽状；侧生羽片 6 ~ 7 对，一回羽状，有柄，基部 1 对羽片不缩短；小羽片约 12 对，互生，下部长圆状三角形，钝尖头，基部上侧有耳状凸起，下侧楔形，向先端有小锯齿。叶脉羽状，正面不明显，背面可见。叶草质，光滑；叶轴和羽轴背面禾秆色，光滑，正面沿沟边两侧有短硬刺。孢子囊群长圆形；囊群盖同形，浅褐色，膜质，全缘，宿存。

海拔：1 210 ~ 1 960 m

张梦华等 11681 (PE)，11694 (PE)；向巧萍等 12411 (PE)；张宪春等 12749 (PE)

角蕨 **Athyrium decurrenti-alatum** (Hook.) Copel.

根状茎细长横走，黑褐色，顶部被褐色披针形鳞片。叶近生；叶柄暗禾秆色，基部被鳞片，向上近光滑，正面有两条纵沟；叶片卵状椭圆形，羽裂渐尖的顶部以下一至二回羽状；侧生羽片达 10 对，彼此远离，披针形，渐尖头，基部近对称，下部的较大，椭圆披针形，两侧羽状深裂，或为一回羽状；裂片或小羽片卵形或长椭圆形，钝头，边缘浅裂或有疏齿。叶脉可见，小脉单一或分叉，伸达叶边。叶草质，几无毛。孢子囊群短线形或长椭圆形，背生小脉分叉处。

海拔：1 210 m

张宪春等 12769 (PE)

湿生蹄盖蕨 **Athyrium devolii** Ching

根状茎短，近直立，先端被浅褐色、卵状披针形鳞片。叶簇生；叶柄基部黑褐色，被与根状茎上相同的鳞片，向上禾秆色，光滑；叶片狭长圆形，先端渐尖，基部不变狭，二回羽状；羽片 12 ~ 15 对，近对生，有柄，一回羽状，小羽片约 12 对，羽状深裂，互生，披针形，几无柄。叶脉羽状，下面明显，侧脉单一，伸达锯齿顶端。叶草质，光滑。孢子囊群近圆形或马蹄形；囊群盖马蹄形，褐灰色，厚膜质，边缘有睫毛，宿存。

海拔：约 1 730 m

张宪春等 12054 (PE)；向巧萍等 12436 (PE)

麦秆蹄盖蕨 **Athyrium fallaciosum** Milde

《神农架植物志》1: 116–117, f. 21–6. 2017，记载产于神农架各地，本次考察未见。

长江蹄盖蕨 **Athyrium iseanum** Rosenst.

《神农架植物志》1: 120, f. 21–17. 2017，记载产于神农架林区南溪，本次考察未见。

川滇蹄盖蕨 **Athyrium mackinnoniorum** (C. Hope) C. Chr.

根状茎短而直立，先端和叶柄基部被狭披针形鳞片。叶簇生；叶柄基部黑褐色，向上禾秆色，近光滑；叶片长三角形，一回羽状，羽片全裂至二回羽状，小羽片深羽裂；羽片 14 ~ 20 对，互生，有短柄，长圆状披针形；裂片长圆形，圆头，有少数短尖齿。叶脉两面可见，侧脉 2 ~ 3 对，单一。叶纸质，光滑；叶轴和羽轴背面被短直毛，正面有短硬刺。孢子囊群短线形或弯钩形；囊群盖同形，褐色，膜质，近全缘，宿存。

海拔：950 ~ 2 030 m

张宪春等 11926 (PE)，11938 (PE)，12579 (PE)，12587 (PE)，12607 (PE)，12619 (PE)，12656 (PE)，12663 (PE)，12664 (PE)，12746 (PE)

峨眉蹄盖蕨 **Athyrium omeiense** Ching

Athyrium amplissimum Ching in J. Arn. Arb. 64(1): 20. 1983. Type: 1980 Sino-Am. Bot. Exp. 914 (PE)

根状茎短粗且直立，先端密被褐色、披针形鳞片。叶簇生；叶柄褐禾秆色，基部黑褐色，被与根状茎上相同的鳞片；叶片阔卵形，渐尖头，基部不变狭，圆楔形，二至三回羽状；羽片约 15 对，对生或互生，基部 1 对略宽大，阔披针形，渐尖头，基部略变狭，中部羽片狭披针形，一回羽状，小羽片深羽裂至二回羽状。叶脉背面明显，正面仅可见，侧脉二叉或单一。叶坚草质，光滑；叶轴、羽轴和小羽轴正面沿沟两侧有短硬刺，背面略被鳞片。孢子囊群近圆形或马蹄形；囊群盖同形，褐色，膜质，全缘，宿存。

海拔：1 279 ~ 3 000 m

向巧萍等 12383 (PE)；张宪春等 11967 (PE)，12574 (PE)，12591 (PE)，12694 (PE)，12696 (PE)；鄂神农架植考队 11406 (PE)；B. Bartholomew et al. 49 (PE)，1348 (PE)；神农架队 21455 (PE)；X. C. Zhang 3317 (PE)，3327 (PE)，3415 (PE)，3419 (PE)；张代贵 zdg4167 (JIU)，zdg6611 (JIU)

贵州蹄盖蕨 **Athyrium pubicostatum** Ching & Z. Y. Liu

根状茎短且直立，先端和叶柄基部密被深褐色、线状披针形鳞片。叶簇生；叶柄基部黑褐色，向上禾秆色，顶部被短腺毛；叶片近长三角形，先端渐尖，基部不变狭，二回羽状；羽片约 15 对，对生或互生，无柄，基部 1 对羽片略缩短，基部变狭；小羽片 12 ~ 16 对，基部 1 对对生，下部 2 ~ 3 对三角状长圆形，边缘有浅钝锯齿。叶脉羽状，正面不显，背面仅可见，侧脉单一或分叉。叶纸质，两面无毛；叶轴和羽轴被短腺毛，正面有钻状短硬刺。孢子囊群长圆形；囊群盖同形，褐色，膜质，全缘，宿存。

未采标本。

三角叶假冷蕨 **Athyrium subtriangulare** (Hook.) Bedd.

根状茎细长横走，黑褐色，被稀疏浅褐色卵状披针形鳞片。叶远生；叶柄基部黑褐色，密被鳞片，向上为禾秆色，偶有鳞片；叶片卵状三角形，先端渐尖，二至三回羽状；羽片近互生，基部 1 对羽片略长，椭圆形，渐尖头，向基部逐渐变狭，二回羽状。叶脉两面可见，小脉单一，达于锯齿先端。叶草质，小羽轴及主脉正面有短刺状凸起，叶轴及各回羽轴的上下两面被有短毛。孢子囊群圆形；囊群盖膜质，圆肾形，浅褐色。

海拔：2 000 ~ 2 516 m

张宪春等 12050 (PE)；中美联合鄂西植物考察队 46 (NAS)，873 (NAS)

尖头蹄盖蕨 **Athyrium vidalii** (Franch. & Sav.) Nakai

Athyrium yokoscense auct. non (Franch. & Sav.) Christ: Fl. Shennongjia 1: 115, f. 21–2. 2017.

根状茎短且直立，先端密被深褐色线状披针形鳞片。叶簇生；叶柄基部黑褐色，密被与根状茎上同样的鳞片，向上禾秆色，光滑；叶片长卵形或三角状卵形，先端急狭缩，长渐尖，基部不变狭，二回羽状；羽片约 12 对，近对生或互生，有柄，披针形，一回羽状；小羽片约 16 对，互生，无柄，上侧有钝圆的耳状凸起。叶脉羽状，正面不明显，背面可见。叶纸质，光滑；羽轴正面有贴伏的短硬刺。孢子囊群长圆形；囊群盖同形，浅褐色，膜质，全缘或有小齿，宿存。

海拔：580 ~ 2 800 m

张宪春等 12566 (PE)；鄂神农架队 21114 (PE)；中美联合鄂西植物考察队 320 (PE)，333 (PE)；X. C. Zhang 3366 (PE)

华中蹄盖蕨 **Athyrium wardii** (Hook.) Makino

根状茎短且直立，先端密被深褐色线状披针形的鳞片。叶簇生；叶柄基部黑褐色，密被与根状茎上同样的鳞片，向上淡禾秆色，近光滑；叶片三角状卵形，顶部急狭缩，长渐尖，羽裂至二回羽状；羽片 5 ~ 8 对，互生，有柄，阔披针形，基部截形；小羽片 10 ~ 14 对，互生，无柄，长圆形，基部偏斜，上侧截形并呈耳状凸起，下侧下延，边缘有细锯齿。叶脉羽状，背面明显，正面略可见。叶纸质，光滑；叶轴禾秆色，略被鳞片；羽轴和主脉背面被短腺毛。孢子囊群短线形；囊群盖同形，浅褐色，膜质，全缘，宿存。

海拔：705 ~ 1 640 m

向巧萍等 12480 (PE)，12487 (PE)；张梦华等 11762 (PE)；张宪春等 11892 (PE)，11913 (PE)，12605 (PE)，12760 (PE)；中美联合鄂西植物考察队 542 (PE)

对囊蕨属 **Deparia** Hook. & Grev.

中华介蕨（中华对囊蕨）**Deparia chinensis** (Ching) Z. R. Wang

根状茎横走，被棕色披针形鳞片。叶疏生；叶柄基部疏被褐色披针形鳞片，向上禾秆色，近光滑；叶片长圆形，先端渐尖，基部变狭，二回深羽裂；羽片约 15 对，互生，披针形，先端长渐尖，基部近对称；裂片 17 ~ 20 对，长圆形，钝圆头或近截头，全缘或边缘略有波状齿。叶脉羽状，侧脉 6 ~ 8 对，通常单一。叶草质，叶轴和羽轴上疏被褐色披针形小鳞片和 2 ~ 3 列细胞组成的蠕虫状毛。孢子囊群短线形；囊群盖长圆形，深褐色，膜质，全缘，宿存。

海拔：740 ~ 1 640 m

张梦华等 11758 (PE)，11773 (PE)，11723 (PE)；张宪春等 11933 (PE)，12654 (PE)，12736 (PE)

钝羽假蹄盖蕨（钝羽对囊蕨）**Deparia conilii** (Franch. & Sav.) M. Kato

根状茎细长横走，黑褐色，先端被浅褐色卵形膜质鳞片。叶远生至近生，近二型；叶柄基部黑褐色，被与根状茎上相同的鳞片，向上禾秆色，被较小且易脱落的鳞片；叶片披针形，先端渐尖，基部略宽，一回羽状；侧生羽片 12 ~ 15 对，矩圆形至短披针形，先端钝圆、急尖或短渐尖，基部不对称，上侧略呈耳状凸起，下侧圆楔形；裂片 4 ~ 8 对，矩圆形，全缘，先端平截；叶脉羽状，小脉单一，两面可见。叶薄草质，沿叶轴有小鳞片及长节毛，羽片中肋及小脉疏生短节毛。孢子囊群短线形；囊群盖褐色，膜质，边缘啮蚀状或撕裂状。

海拔：1 220 m

张宪春等 12768 (PE)

陕西蛾眉蕨（陕西对囊蕨）**Deparia giraldii** (Christ) X. C. Zhang

根状茎直立或斜升，先端连同叶柄基部被深褐色膜质卵状披针形鳞片。叶簇生；叶柄禾秆色，基部被较密的鳞片，向上稀疏；叶片长圆状披针形，先端渐尖，一回羽状，羽片深羽裂；羽片约 20 对，互生或对生，中部羽片线状披针形，下部仅少数几对稍缩短，基部 1 对不呈耳形；裂片 15 ~ 22 对，长圆形，先端钝圆，基部和羽轴上的狭翅相连，边缘有浅圆齿。叶脉羽状，背面可见。叶草质，叶轴和羽轴背面疏生节状短毛。孢子囊群长圆形，每裂片 2 ~ 6 对；囊群盖浅褐色，有短腺毛，边缘啮蚀状，宿存。

海拔：1 290 ~ 2 840 m

张梦华等 11687 (PE)；向巧萍等 12462 (PE)；张宪春等 11965 (PE)，12067 (PE)，12622 (PE)，12698 (PE)，12725 (PE)

鄂西介蕨（鄂西对囊蕨）**Deparia henryi** (Baker) M. Kato

根状茎横卧，先端斜升。叶簇生；叶柄疏被深褐色披针形鳞片，向上禾秆色，近光滑；叶片长圆形，先端渐尖，基部略变狭，一回羽状；羽片 12 ~ 18 对，互生，近无柄，阔披针形，尾状渐尖头，基部近对称，截形，边缘深羽裂；裂片镰刀状长圆形，钝圆头，边缘有粗锯齿；中部以上的羽片与下部同形，向上逐渐缩短，羽状半裂至深裂，裂片长圆形。叶脉羽状，侧脉 8 ~ 10 对，小脉二至三叉。叶草质，叶轴和羽轴上疏被褐色阔披针形小鳞片和蠕虫状毛。孢子囊群短长圆形；囊群盖长形，褐色，膜质，边缘撕裂呈流苏状，宿存。

海拔：1 320 ~ 1 820 m

张梦华等 11673 (PE)；向巧萍等 12451 (PE)；张宪春等 12667 (PE)，12716 (PE)；中美联合鄂西植物考察队 588 (NAS)，1000 (NAS)；张代贵 zdg6190 (JIU)

假蹄盖蕨（东洋对囊蕨）**Deparia japonica** (Thunb.) M. Kato

根状茎细长横走，先端被黄褐色披针形鳞片。叶远生至近生；叶柄禾秆色，基部被与根状茎上同样的鳞片；叶片矩圆形，有时呈三角形，基部略缩狭，顶部羽裂长渐尖；侧生羽片 4 ~ 8 对，先端渐尖，基部阔楔形，基部 1 对常较阔，长椭圆披针形；裂片 5 ~ 18 对，矩圆形，先端近平截，边缘有疏锯齿或波状。叶脉羽状，不明显，小脉一至二叉。叶草质，叶轴被小鳞片及节状柔毛，羽片正面仅沿中肋有短节毛。孢子囊群短线形；囊群盖浅褐色，膜质，背面无毛，边缘撕裂状。

海拔：1 190 ~ 1 510 m

向巧萍等 12348 (PE)；张宪春等 12738 (PE)，12748 (PE)

单叶双盖蕨（单叶对囊蕨）**Deparia lancea** (Thunb.) Fraser-Jenkins

根状茎细长横走，被黑色或褐色披针形鳞片。叶远生；能育叶长达 40 cm；叶柄淡灰色，基部被褐色鳞片；叶片披针形或线状披针形，两端渐狭，边缘全缘或稍呈波状；中脉两面均明显，小脉斜展，通直，平行，直达叶边。叶干后纸质或近革质。孢子囊群线形，通常多分布于叶片上半部，沿小脉斜展，在每组小脉上通常有 1 条，生于基部上出小脉，距主脉较远，单生或偶有双生；囊群盖成熟时膜质，浅褐色。

海拔：500 m

张宪春等 11845 (PE)；张代贵 YH120516135 (JIU)，YH120522136 (JIU)，YH130511137 (JIU)

华中介蕨（大久保对囊蕨）**Deparia okuboana** (Makino) M. Kato

根状茎横走，先端斜升。叶簇生；叶柄基部被褐色披针形鳞片，向上禾秆色，近光滑；叶片阔卵形，先端渐尖并为羽裂，基部圆楔形，二回羽状，小羽片羽裂；羽片约 12 对，互生，有短柄，基部 1 对略缩短，长圆状披针形，渐尖头，向基部变狭，一回羽状；小羽片约 10 对，近对生或互生，基部 1 对较小，长圆形，钝圆头，基部近对称，边缘浅裂，裂片全缘。叶脉羽状，侧脉 2 ~ 4 对，单一。叶厚纸质，叶轴、羽轴和小羽轴上被小鳞片和蠕虫状毛。孢子囊群圆形，每裂片 1 枚；囊群盖圆肾形，褐绿色，膜质，全缘，宿存。

海拔：520 ~ 1 730 m

张梦华等 11768 (PE)；张宪春等 12537 (PE)，11819 (PE)，11989 (PE)；张代贵等 zdg7672 (JIU)

毛轴假蹄盖蕨（毛叶对囊蕨）**Deparia petersenii** (Kunze) M. Kato

根状茎细长横走，深褐色，先端被红褐色阔披针形鳞片。叶远生；叶柄禾秆色，疏被鳞片及卷曲的节状短毛；叶片卵状阔披针形，有时狭三角形，渐尖头并羽裂，基部不变狭，二回羽裂；羽片 8 ~ 12 对，互生或下部的近对生，披针形，中部以下的羽片渐尖头或圆头，基部对称；裂片长圆形，中部的较大，边缘有不整齐的钝齿。叶草质，背面沿叶轴、中肋及叶脉被长节毛，脉间无毛或有灰白色细短节毛。孢子囊群短线形或线状矩圆形；囊群盖膜质，背面无毛或有短节毛，边缘啮蚀状，宿存。

海拔：1 290 m

张宪春等 12732 (PE)

华中蛾眉蕨（华中对囊蕨）**Deparia shennongensis** (Ching, Boufford & K. H. Shing) X. C. Zhang

根状茎粗而直立，先端连同叶柄基部被有褐色膜质阔披针形大鳞片。叶簇生；叶柄禾秆色，正面有浅沟，被稀疏的细短毛或近无毛；叶片倒披针形，先端渐尖，向基部逐渐变狭，一回羽状；羽片 20 ~ 30 对，深羽裂，基部 1 对缩短为三角状小耳片，近对生，中部羽片狭披针形，基部最宽，先端长渐尖；裂片约 22 对，长圆形，基部 1 对略长，边缘近全缘。叶脉羽状，两面可见。叶草质，叶轴及羽轴背面疏被短节状毛或近无毛，正面疏生褐色短毛。孢子囊群椭圆形；囊群盖灰褐色，边缘近全缘。

海拔：1 752 ~ 2 820 m

向巧萍等 12380 (PE)；张宪春等 11955 (PE)，12059 (PE)，12693 (PE)

四川蛾眉蕨（四川对囊蕨）**Deparia sichuanensis** (Z. R. Wang) Z. R. Wang

根状茎直立，先端连同叶柄基部被有浅褐色膜质卵状披针形鳞片。叶簇生；叶柄禾秆色，基部密被鳞片，向上稀疏或几无鳞片；叶片椭圆形，先端羽裂渐尖，向基部逐渐变狭，一回羽状；羽片 20 ~ 25 对，深羽裂，中部羽片线状披针形，先端渐尖，下部多对羽片逐渐缩短，基部 1 对呈耳形；裂片 12 ~ 18 对，矩圆形，先端钝圆，基部和羽轴上的狭翅相连。叶脉羽状，两面可见，侧脉单一。叶草质，叶轴和羽轴下面被有较密的节状粗毛。孢子囊群长圆形；囊群盖同形，背上无毛或有短毛，边缘睫毛状，宿存。

海拔：1 680 ~ 2 690 m

张宪春等 12586 (PE)，12697 (PE)，11957 (PE)，12045 (PE)；向巧萍等 12376 (PE)，12397 (PE)，12404 (PE)

川东介蕨（川东对囊蕨）**Deparia stenopterum** (Christ) Z. R. Wang

根状茎横走，先端斜升。叶近生；叶柄基部疏被深褐色狭披针形鳞片，向上禾秆色，近光滑；叶片卵状长圆形，先端渐尖并为羽裂，基部变狭，圆楔形，一回羽状；羽片约 10 对，深羽裂，互生或近对生，阔披针形，尾状尖头；裂片约 15 对，镰刀状长圆形，边缘有浅圆锯齿，中部以上的羽片逐渐缩短，深羽裂至半裂。叶脉在裂片上为羽状，侧脉三至四叉。叶干后草质，绿色；叶轴、羽轴和主脉上疏被褐色披针形小鳞片及深褐色、2 ~ 3 列细胞组成的蠕虫状毛。孢子囊群小，圆形；囊群盖圆肾形，褐色，膜质，全缘，宿存。

海拔：670 ~ 1 530 m

张宪春等 12594 (PE)，12029 (PE)；向巧萍等 12494 (PE)

峨眉介蕨（单叉对囊蕨）**Deparia unifurcata** (Baker) M. Kato

根状茎长而横走。叶远生；叶柄基部被黑褐色阔披针形鳞片，向上禾秆色，近光滑；叶片卵状长圆形，先端渐尖并为羽裂，基部略变狭，一回羽状，羽片羽裂；羽片约12对，披针形，近无柄，对生或互生，中部的渐尖头，基部变狭，边缘深羽裂；裂片12~15对，长圆形，基部1对缩短，全缘。叶脉羽状，侧脉二至三叉。叶草质，叶轴、羽轴和主脉上被小鳞片及蠕虫状毛。孢子囊群圆形；囊群盖圆肾形，红褐色，膜质，全缘，宿存。

海拔：520 m

张宪春等 11807 (PE)，11818 (PE)

河北蛾眉蕨（河北对囊蕨）**Deparia vegetior** (Kitag.) X. C. Zhang

《神农架植物志》1: 124–125, f. 21–23. 2017，记载产于神农架各地，本次考察未见。

湖北蛾眉蕨（湖北对囊蕨）**Deparia vermiformis** (Ching, Boufford & K. H. Shing) Z. R. Wang

根状茎短而直立，先端连同叶柄基部被有深褐色膜质披针形鳞片。叶簇生；叶柄基部被较密的鳞片，向上暗禾秆色，逐渐几无鳞片；叶片长圆状披针形，先端渐尖，向基部逐渐变狭，一回羽状，羽片深羽裂；羽片约20对，下部多对羽片逐渐缩短，基部1对呈耳形，中部羽片披针形，先端渐尖，基部近平截，羽状深裂；裂片约 20 对，长圆形，近全缘，先端钝圆形。叶脉羽状，两面可见。叶草质，羽片两面近无毛，叶轴和羽轴下面疏被节状毛。孢子囊群短线形；囊群盖同形，近全缘。

海拔：1 990 ~ 2 580 m

向巧萍等 12406 (PE)，12407 (PE)；张宪春等 12582 (PE)，12583 (PE)

峨山蛾眉蕨（峨山对囊蕨）**Deparia wilsonii** (Christ) X. C. Zhang

《神农架植物志》1: 124–125, f. 21–24. 2017，记载产于神农架各地，本次考察未见。

双盖蕨属 **Diplazium** Sw.

大型短肠蕨（大型双盖蕨）**Diplazium giganteum** (Baker) Ching

根状茎横卧，先端被蓬松的褐色披针形长鳞片。叶簇生；叶柄基部黑褐色，被与根状茎上相同的鳞片，向上禾秆色，渐变光滑，正面有深纵沟；叶片三角形，三回深羽裂；羽片 10 ~ 14 对，互生，长圆状披针形，二回深羽裂；小羽片约 16 对，互生，有明显的柄，披针形，尖头，羽状深裂达小羽轴两侧的阔翅。叶脉正面不明显，背面可见。叶草质，沿主脉及小羽轴背面密生腺毛，羽轴正面有纵沟，被同样的毛。孢子囊群线形，基部上侧 1 枚通常双生；囊群盖狭线形，棕色，膜质，宿存。

海拔：670 m

张宪春等 12038 (PE)

薄盖短肠蕨（薄盖双盖蕨）**Diplazium hachijoense** Nakai

根状茎横走，先端被黑褐色厚膜质披针形鳞片。叶近生；叶柄基部黑褐色，常有稀疏的残存鳞片，向上禾秆色，近光滑，正面有浅纵沟；叶片三角形，二回羽状，小羽片羽状深裂；侧生羽片约 10 对，互生，有柄，上部的披针形，羽裂，基部 1 对最大；侧生小羽片约 10 对，互生，无柄或下部的略有短柄，披针形，渐尖头，矩圆状卵形。叶脉羽状，背面明显。叶草质，叶轴和羽轴正面有浅纵沟，纵沟中有较多细小腺体。孢子囊群粗线形，在小羽片的裂片上约有 5 对；囊群盖浅褐色，膜质，全缘，宿存。

海拔：400 m

张宪春等 11817 (PE)

假耳羽短肠蕨（假耳羽双盖蕨）**Diplazium okudairai** Makino

根状茎长而横走，先端被褐色阔披针形厚膜质鳞片。叶远生；叶柄基部深褐色，向上绿禾秆色，下部或全部被披针形褐色鳞片，正面有浅纵沟；叶片阔披针形至长卵形，一回羽状；侧生羽片达 12 对，镰状披针形，先端尾状渐尖，基部不对称，下侧楔形，上侧有三角形耳状凸起，两侧浅羽裂。叶脉略可见，羽状，每裂片有小脉 4 ~ 6 对。叶草质，叶轴绿禾秆色，下部疏被狭披针形褐色鳞片，正面有浅纵沟。孢子囊群粗线形，单生于小脉上侧，少数双生；囊群盖粗线形，膜质，浅褐色，全缘，宿存。

海拔：670 m

张宪春等 12039 (PE)

卵果短肠蕨（卵果双盖蕨）**Diplazium ovatum** (W. M. Chu ex Ching & Z. Y. Liu) Z. R. He

根状茎横卧，先端被褐色披针形膜质鳞片。叶近生；叶柄基部深褐色，被与根状茎上相同的鳞片，上部浅褐色至深禾秆色，光滑，正面有浅沟；叶片三角形，二回羽状，小羽片羽状深裂；侧生羽片 10 ~ 15 对，对生，中部以下的矩圆状阔披针形，上部的披针形；小羽片 15 对左右，披针形，互生，先端渐尖，基部阔楔形或略呈浅心形，一回羽状深裂；裂片 15 对左右，长方形，先端钝圆，边缘有疏锯齿或几全缘。叶脉羽状，下面明显。叶薄草质。孢子囊群卵圆形，在裂片上可达 6 对；囊群盖灰色，薄膜质。

海拔：500 ~ 520 m

张宪春等 11811 (PE)，11862 (PE)

薄叶双盖蕨 **Diplazium pinfaense** Ching

根状茎斜升或直立，深褐色，先端被褐色披针形全缘的鳞片。叶簇生；叶柄绿禾秆色，基部褐色且密被与根状茎上相同的鳞片，向上光滑，正面具浅纵沟；叶片卵形，基部圆楔形，奇数一回羽状；侧生羽片 2 ~ 3 对，镰状披针形，长渐尖，两侧自基部向上有较尖的锯齿或重锯齿；顶生羽片披针形，基部为不对称的阔楔形。中脉背面隆起，正面具浅纵沟；侧生小脉两面均明显，2 ~ 4 次不等二分叉。叶薄草质，两面均无毛。孢子囊群与囊群盖长线形，略向后弯曲，大多单生，少数双生。

海拔：520 m

张宪春等 11809 (PE)

双生短肠蕨（双生双盖蕨）**Diplazium prolixum** Rosenst.

根状茎横卧，先端被线状披针形褐色厚膜质鳞片。叶近生；叶柄基部褐色，被与根状茎上相同的鳞片，上部绿禾秆色，光滑，正面有浅纵沟；叶片卵状三角形，二至三回羽状；侧生羽片 18 对左右，对生或互生，卵状阔披针形，向基部稍狭；小羽片约 15 对，互生，阔披针形，先端长渐尖，向基部稍狭；末回小羽片约 15 对，线状披针形，先端急尖至钝圆，无柄，边缘羽状半裂至深裂；末回小羽片的裂片达 8 对，矩圆形，先端略有细锯齿。叶脉不明显，羽状。孢子囊群矩圆形，在裂片上有 1 ~ 3 对；囊群盖浅褐色，薄膜质，全缘。

海拔：360 m

张宪春等 12778 (PE)

无毛黑鳞短肠蕨（无毛黑鳞双盖蕨）**Diplazium sibiricum** var. **glabrum** (Tagawa) Sa. Kurata

根状茎长而横走，顶部被黑褐色阔披针形鳞片。叶远生；叶柄禾秆色，基部被与根状茎上相同的鳞片；叶片卵状三角形，三回羽状；羽片约 10 对，阔披针形，互生，有柄，基部 1 对较大，二回羽状；一回小羽片约 10 对，渐尖头，羽状；末回小羽片长圆形，钝头，边缘有小圆齿。叶脉在末回小羽片上为羽状，侧脉单一或分叉，伸达叶边；叶纸质，两面光滑无毛。孢子囊群长圆形；囊群盖褐色，膜质，边缘啮蚀状，宿存。

海拔：2 516 ~ 2 640 m

张宪春等 11956 (PE)，12052 (PE)；向巧萍等 12375 (PE)

鳞柄短肠蕨（鳞柄双盖蕨）**Diplazium squamigerum** (Mett.) C. Hope

根状茎横走，先端被黑褐色狭披针形边缘有小齿的鳞片。叶近生；叶柄禾秆色，基部被鳞片，正面有浅纵沟；叶片卵状三角形，长宽几相等，三回深羽裂；羽片约 10 对，阔披针形，近对生，基部 1 对最大，二回深羽裂；小羽片 10 ~ 15 对，长圆形至披针形，羽状深裂，下部的较小；裂片长圆形，钝头有波状圆齿，两侧全缘或波状。叶脉羽状，背面可见，两面均无毛。孢子囊群线形；囊群盖灰褐色，膜质，全缘，宿存。

海拔：1 620 m

张梦华等 11685 (PE)

20. 乌毛蕨科 Blechnaceae

荚囊蕨属 Struthiopteris Scopoli

荚囊蕨 Struthiopteris eburnea (Christ) Ching

植株高 18 ~ 60 cm。根状茎直立或长而斜升，密被披针形棕色鳞片。叶簇生，二型；叶柄禾秆色，基部密被与根状茎上同样的鳞片，向上渐变光滑；叶片线状披针形，两端渐狭，一回羽状；羽片多数，篦齿状排列，向下部逐渐缩小，基部 1 对成为小耳形，向上的羽片为披针形，尖头，基部与叶轴合生，边缘全缘，干后略内卷。叶脉不明显，小脉二叉，不达叶边。叶坚革质，无毛；叶轴禾秆色，光滑，正面有浅纵沟。孢子囊群线形；囊群盖同形，纸质，拱形，开向主脉，宿存。

海拔：740 ~ 1 360 m

张梦华等 11755 (PE)；向巧萍等 12502 (PE)；中美联合鄂西植物考察队 1896 (PE)；张代贵 zdg3949 (JIU)

狗脊属 **Woodwardia** Sm.

狗脊 **Woodwardia japonica** (L. f.) Sm.

植株高达 1.2 m。根状茎粗壮，横卧，暗褐色，与叶柄基部密被披针形深棕色鳞片。叶近生；叶柄暗浅棕色；叶片长卵形，先端渐尖，二回羽裂；顶生羽片卵状披针形，侧生羽片 7 ~ 16 对，对生或互生，羽状半裂；裂片 11 ~ 16 对，互生或近对生，基部 1 对缩小，边缘有细密锯齿，干后略反卷。叶脉明显，羽轴及主脉两面均隆起，在羽轴及主脉两侧各有 1 行狭长网眼，小脉分离，单一或分叉，直达叶边。叶近革质，两面无毛或下面疏被短柔毛。孢子囊群线形，挺直；囊群盖线形，质厚，棕褐色，成熟时开向主脉或羽轴，宿存。

海拔：450 m

张宪春等 11869 (PE)

顶芽狗脊 **Woodwardia unigemmata** (Makino) Nakai

植株高达 2 m。根状茎横卧，黑褐色，密被披针形鳞片。叶近生；叶柄基部褐色并密被与根状茎上相同的鳞片，向上为棕禾秆色，略被鳞片；叶片长卵形，先端渐尖，二回深羽裂；羽片 7 ~ 13 对，互生或近对生，阔披针形，先端尾尖，基部圆截形；裂片 14 ~ 18 对，互生，下部几对略缩短。叶脉明显，小脉单一或二叉，先端有纺锤形水囊。叶革质，无毛，叶轴及羽轴下面被棕色小鳞片，叶轴近先端具 1 枚被棕色鳞片的腋生大芽胞。孢子囊群粗短线形；囊群盖同形，厚膜质，棕色或棕褐色，成熟时开向主脉。

海拔：500 ~ 1 580 m

张梦华等 11744 (PE)；向巧萍等 12453 (PE)；神农架队 20282 (PE)；中美联合鄂西植物考察队 486 (PE)；张代贵 ly120527085 (JIU)

21. 球子蕨科 Onocleaceae

荚果蕨属 **Matteuccia** Tod.

荚果蕨 **Matteuccia struthiopteris** (L.) Tod.

植株高达 110 cm。根状茎短而直立，木质，坚硬，深褐色，与叶柄基部密被披针形棕色鳞片。叶簇生，二型；不育叶叶柄褐棕色，正面有深纵沟；叶片椭圆披针形，向基部逐渐变狭，二回深羽裂；羽片 40 ~ 60 对，向基部逐渐缩小呈耳状；中部羽片最大，羽状深裂，裂片 20 ~ 25 对，边缘具波状圆齿。叶脉羽状，明显，小脉单一。叶草质，无毛，沿叶轴、羽轴和主脉被柔毛和小鳞片。能育叶倒披针形，一回羽状，羽片线形，两侧反卷成荚果状，深褐色，包裹孢子囊群，孢子囊群圆形；囊群盖膜质。

海拔：950 ~ 1 300 m

张宪春等 11931 (PE)，12598 (PE)；中美联合鄂西植物考察队 999 (PE)

球子蕨属 **Onoclea** L.

球子蕨 **Onoclea interrupta** (Maxim.) Ching & P. S. Chiu

植株高达 70 cm。根状茎长而横走，黑褐色，疏被阔卵形鳞片。叶疏生，二型；不育叶叶柄基部棕褐色，向上深禾秆色，正面有浅纵沟，疏被棕色鳞片；叶片阔卵状三角形，长宽几相等，先端羽状半裂，向下为一回羽状；羽片 5 ~ 8 对，披针形，基部 1 对较大，有短柄，叶轴两侧具狭翅。叶脉明显，网状，网眼无内藏小脉，近叶边的小脉分离。叶草质，幼时略被小鳞片，以后光滑；能育叶二回羽状，羽片狭线形，小羽片小球形，彼此分离，包被圆形的孢子囊群，囊群盖膜质，紧包着孢子囊群。

海拔：1 752 m

张宪春等 12064 (PE)

东方荚果蕨属 **Pentarhizidium** Hayata

中华荚果蕨 **Pentarhizidium intermedium** (C. Chr.) Hayata

植株高达 1 m。根状茎短而直立，黑褐色，木质，坚硬，先端密被阔披针形鳞片。叶簇生，二型；不育叶叶柄基部黑褐色，向上为深禾秆色，疏被披针形鳞片；叶片椭圆形，基部略变狭，二回深羽裂；羽片 20 ~ 25 对，互生，下部 2 ~ 3 对略缩短，中部的较长，披针形，先端渐尖，羽状半裂。叶脉明显，小脉单一或二叉，伸达叶边。叶纸质，无毛，沿叶轴及羽轴下面被棕色小鳞片。能育叶叶片椭圆形，一回羽状，羽片多数，两侧反卷成荚果状，深紫色，在羽轴与叶边之间形成囊托，孢子囊群圆形，无囊群盖，被叶缘所包被。

海拔：1 200 ~ 2 200 m

张梦华等 11769 (PE)；鄂神农架植考队 10910 (PE)；鄂神农架林区植考队 10890 (PE)；神农架队 21261 (PE)；鄂神农架队 22816 (PE)；中美联合鄂西植物考察队 23 (PE)；路端正 199705 (BJFC)；X. C. Zhang 3394 (PE)

东方荚果蕨 **Pentarhizidium orientale** (Hook.) Hayata

Matteuccia orientalis f. *monstra* Ching & K. H. Shing in J. Arn. Arb. 64(1): 25–26. 1983. Type: 1980 Sino-Am. Bot. Exp. 720 (PE)

植株高达 1 m。根状茎短而直立，木质，坚硬，先端及叶柄基部被披针形有光泽鳞片。叶簇生，二型；不育叶叶柄基部褐色，向上深禾秆色，连同叶轴被较多的鳞片；叶片椭圆形，先端渐尖并为羽裂；羽片 15 ~ 20 对，互生，线状倒披针形，基部略变狭，无柄，深羽裂。叶脉明显，小脉单一，偶有二叉，伸达叶边。叶纸质，无毛，仅沿羽轴和主脉疏被纤维状鳞片。能育叶叶片椭圆状倒披针形，一回羽状，羽片线形，两侧强烈反卷成荚果状，深紫色，在羽轴与叶边之间形成囊托。孢子囊群圆形，着生于囊托上；囊群盖膜质。

海拔：1 200 ~ 1 960 m

张梦华等 11667 (PE)；向巧萍等 12410 (PE)；张宪春等 12661 (PE)；236–6 队 2150 (PE)；中美联合鄂西植物考察队 720 (PE)；鄂神农架植考队 11741 (PE)；路端正 199705 (BJFC)

22. 肿足蕨科 Hypodematiaceae

肿足蕨属 *Hypodematium* Kunze

肿足蕨 *Hypodematium crenatum* (Forssk.) Kuhn & Decken

植株高 20 ~ 50 cm。根状茎粗壮，横走，连同叶柄基部被亮红棕色狭披针形鳞片。叶近生；叶柄禾秆色，基部有时疏被较小的狭披针形鳞片，向上仅被灰白色柔毛；叶片卵状五角形，先端渐尖并羽裂，基部圆心形，三回羽状；羽片约 10 对，对生或互生，基部 1 对最大，三角状长圆形，短渐尖头，基部心形，二回羽状。叶脉两面明显，侧脉单一，伸达叶边。叶草质，两面连同叶轴和各回羽轴密被灰白色柔毛。孢子囊群圆形；囊群盖肾形，浅灰色，膜质，背面密被柔毛，宿存。

海拔：500 ~ 870 m

张宪春等 11858 (PE)，12785 (PE)；杨林森 12203 (PE)

光轴肿足蕨 *Hypodematium hirsutum* (D. Don) Ching

植株高 30 ~ 80 cm。根状茎横卧，连同叶柄膨大的基部密被线状红棕色披针形鳞片。叶近生；叶柄浅禾秆色，基部以上光滑，有光泽；叶片阔卵形至五角状阔卵形，三至四回羽裂；羽片 8 ~ 12 对，互生，阔披针形，有柄，基部 1 对最大，二至三回羽裂；末回小羽片 5 ~ 8 对，长圆形，先端圆钝，无柄，羽裂；裂片长圆形，基部 1 对最大。叶脉两面明显，侧脉羽状分叉，小脉伸达叶边。叶薄纸质，两面疏被灰白色细短柔毛。孢子囊群圆形；囊群盖圆肾形，灰棕色，背面隆起，密被细柔毛，宿存。

海拔：950 ~ 1 880 m

张宪春等 12010 (PE)；神农架队 21890 (PE)

23. 鳞毛蕨科 Dryopteridaceae

复叶耳蕨属 **Arachniodes** Blume

斜方复叶耳蕨 **Arachniodes amabilis** (Blume) Tindale

植株高达 80 cm。叶柄禾秆色，基部密被棕色阔披针形鳞片，向上光滑。叶片长卵形，顶生羽片二回羽状，基部的三回羽状；侧生羽片约 5 对，基部 1 对最大，三角状披针形；小羽片约 20 对，互生，有短柄；末回小羽片约 10 对，菱状椭圆形，急尖头，基部不对称，上侧近截形，下侧斜切，上侧边缘具有芒刺的尖锯齿。叶干后薄纸质，光滑。孢子囊群生小脉顶端，近叶边；囊群盖棕色，膜质，边缘有睫毛，脱落。

海拔：450 ~ 705 m

张宪春等 11877 (PE)，11893 (PE)

中华复叶耳蕨 **Arachniodes chinensis** (Rosenst.) Ching

植株高 40 ~ 65 cm。叶柄禾秆色，基部密被褐棕色线状鳞片，向上连同叶轴被有相当多的黑褐色线状小鳞片；叶片卵状三角形，顶部略狭缩呈长三角形，渐尖头，基部近圆形，二至三回羽状；羽片 8 对，对生或互生，有柄，基部 1 对较大，三角状披针形，渐尖头；小羽片约 25 对，互生，有短柄，基部下侧 1 片较大，披针形。叶纸质，光滑，羽轴下面被有相当多的黑褐色线状钻形小鳞片。孢子囊群每小羽片 5 ~ 8 对；囊群盖棕色，近革质，脱落。

海拔：500 m

张宪春等 11849 (PE)

毛枝蕨 **Arachniodes miqueliana** (Maxim. ex Franch. & Savat.) Ohwi

植株高达 100 cm。根状茎长而横走，连同叶柄基部被棕色披针形鳞片。叶远生；叶柄红棕色或向上达叶轴为棕禾秆色，疏被较小的鳞片；叶片阔卵形，先端短尖，基部不变狭，四至五回羽状；羽片 6 ~ 8 对，互生，有柄，斜展，基部 1 对较大，三角状卵形，四回羽状。叶脉在末回小羽片上为羽状，小脉单一或分叉，两面可见。叶草质，两面密被锈色粗毛；各回羽轴下面疏被棕色披针形小鳞片。孢子囊群圆形，末回小羽片有 1 ~ 3 枚；囊群盖圆肾形，棕色，无睫毛，以后脱落。

海拔：1 300 ~ 1 620 m

张梦华等 11698 (PE)，11741 (PE)

长尾复叶耳蕨 **Arachniodes simplicior** (Makino) Ohwi

植株高 75 cm。叶柄禾秆色，基部被褐棕色披针形鳞片，向上偶有同形鳞片；叶片卵状五角形，基部近平截，三回羽状；侧生羽片 4 对，对生或互生，有柄，基部 1 对最大，斜三角形，渐尖头，基部不对称，斜楔形；小羽片 22 对，互生，有短柄，基部下侧 1 片特别伸长，披针形，羽状；末回小羽片约 16 对，互生，几无柄，长圆状，钝尖头，边缘具有芒刺的尖锯齿。叶纸质，光滑，叶轴和各回羽轴下面偶被褐棕色小鳞片。孢子囊群每小羽片 4 ~ 6 对；囊群盖深棕色，膜质，脱落。

海拔：450 ~ 705 m

张宪春等 11844 (PE), 11872 (PE), 11876 (PE), 11887 (PE), 11890 (PE)

华西复叶耳蕨 **Arachniodes simulans** (Ching) Ching

植株高达 1.2 m。叶柄禾秆色，基部密被棕色披针形小鳞片，上部近光滑；叶片阔卵状三角形，顶部略狭缩呈三角形，渐尖头，四回羽状；羽片约 20 对，互生，有柄，基部 1 对最大，三角状披针形，长渐尖头，三回羽状；第二至第六对羽片阔披针形或披针形，三回羽状或羽裂。叶近草质，光滑，叶轴和各回羽轴下面偶被棕色披针形小鳞片。孢子囊群每二回小羽片或裂片 4 ~ 6 对，靠近叶边生；囊群盖棕色，厚膜质，边缘有睫毛，以后脱落。

海拔：950 ~ 1 510 m

张宪春等 11934 (PE)，12630 (PE)

肋毛蕨属 **Ctenitis** (C. Chr.) C. Chr.

亮鳞肋毛蕨 **Ctenitis subglandulosa** (Hance) Ching

植株高约 1 m。根状茎短而粗壮，直立，顶部及叶柄基部密被鳞片；鳞片线形，先端纤维状而稍卷曲，全缘，开展而蓬松，膜质，锈棕色。叶簇生；叶柄暗棕色，向上深禾秆色，正面有两条纵沟，基部以上被鳞片；叶片三角状卵形，先端渐尖，基部心形，四回羽裂；羽片约 15 对，对生或近对生，基部 1 对羽片最大，斜三角形。叶脉羽状，小脉单一或二叉，两面均稍隆起，正面疏被有关节的淡棕色毛。孢子囊群圆形，生于小脉中部以下，较接近主脉；囊群盖心形，全缘，膜质，淡棕色，宿存。

海拔：520 ~ 740 m

张梦华等 11759 (PE)；张宪春等 11827 (PE)，12518 (PE)

贯众属 **Cyrtomium** C. Presl

刺齿贯众 **Cyrtomium caryotideum** (Wall. ex Hook. & Grev.) C. Presl

植株高 30 ~ 60 cm。根茎直立，密被黑棕色披针形鳞片。叶簇生；叶柄基部禾秆色，腹面有浅纵沟，下部密生卵形及披针形、黑棕色、边缘有睫毛状齿的鳞片；叶片矩圆形，先端钝，奇数一回羽状；侧生羽片 3 ~ 7 对，互生，卵状披针形，基部宽楔形，上侧有三角形耳状凸起，边缘有小尖齿。叶脉羽状，小脉联结成多行网眼，腹面不明显。叶坚纸质，腹面光滑，背面疏生披针形棕色小鳞片；叶轴腹面有浅纵沟，疏生鳞片。孢子囊群遍布羽片背面；囊群盖圆形，盾状，边缘有齿。

海拔：520 ~ 1 641 m

张宪春等 11826 (PE)，11930 (PE)，11988 (PE)；张代贵等 zdg3767 (JIU)，zdg4603 (JIU)，zdg4491 (JIU)，YH110715924 (JIU)

贯众 Cyrtomium fortunei J. Sm.

植株高 25 ~ 50 cm。根茎直立，被棕色鳞片。叶簇生；叶柄基部禾秆色，腹面有浅纵沟，密生卵形及披针形、棕色、边缘有齿的鳞片；叶片矩圆披针形，先端钝，基部略变狭，奇数一回羽状；侧生羽片 7 ~ 16 对，互生，披针形，中部的先端渐尖，少数呈尾状，基部偏斜，上侧有时略有钝的耳状凸起。叶脉羽状，小脉联结成 2 ~ 3 行网眼，腹面不明显，背面微凸起。叶为纸质，两面光滑；叶轴腹面有浅纵沟，疏生披针形及线形棕色鳞片。孢子囊群遍布羽片背面；囊群盖圆形，盾状，全缘。

海拔：450 ~ 2 000 m

张梦华等 11680 (PE)；向巧萍等 12353 (PE)；张宪春等 11802 (PE)，11803 (PE)，12551 (PE)，12652 (PE)；鄂神农架植考队 32723 (PE)；中美联合鄂西植物考察队 1500 (PE)，1569 (PE)；鄂神农架林区植考队 10031 (PE)，21101 (PE)，30025 (PE)；神农架队 20016 (PE)，21101 (PE)，20364 (PE)；路端正 199705 (BJFC)；刘和兵 ZQ6457 (JIU)；张代贵 DXY256 (JIU)，YH130516308 (JIU)，ZZ150409388 (JIU)，zdg4796 (JIU)；刘彬彬 2262 (PE)；D. E. Boufford et al. 43786 (PE)

大叶贯众 **Cyrtomium macrophyllum** (Makino) Tagawa

植株高 30 ~ 60 cm。根茎直立，密被黑棕色披针形鳞片。叶簇生；叶柄基部禾秆色，腹面有浅纵沟，下部密生卵形及披针形、黑棕色、边缘有齿的鳞片；叶片矩卵圆形，先端钝，基部不变狭，奇数一回羽状；侧生羽片 3 ~ 8 对，互生，有短柄，基部 2 对常较大，中部的先端渐尖成短尾状，边缘全缘或有时近顶处有小齿。叶脉羽状，小脉联结成多行网眼，腹面不明显。叶坚纸质，腹面光滑，背面有时疏生小鳞片；叶轴腹面有浅纵沟，有黑棕色鳞片。孢子囊群遍布羽片背面；囊群盖圆形，盾状，全缘。

海拔：1 300 ~ 1 850 m

中美联合鄂西植物考察队 (PE)；鄂神农架植考队 11200 (PE)，30093 (PE)；神农架队 20899 (PE)，21350 (PE)；236-6 队 2600 (PE)；X. C. Zhang 3407 (PE)

膜叶贯众 **Cyrtomium membranifolium** Ching & K. H. Shing ex H. S. Kung & P. S. Wang

《神农架植物志》1: 168，f. 23–77. 2017，记载产于神农架红坪，本次考察未见。

秦岭贯众 **Cyrtomium tsinglingense** Ching & K. H. Shing

植株高 40 ~ 80 cm。根茎直立，密被棕色披针形鳞片。叶簇生；叶柄基部禾秆色，腹面有浅纵沟，下部被卵形及披针形深棕色鳞片；叶片矩圆形，先端钝，基部略宽，奇数一回羽状；侧生羽片约 6 对，互生，有短柄，基部 1 对或 2 对常较大，中部的先端急尖成尾状，基部宽楔形，上侧稍有耳状凸起。叶脉羽状，小脉联结成多行网眼，两面微凸。叶坚纸质，腹面光滑，背面有披针形棕色小鳞片；叶轴腹面有浅纵沟并被鳞片。孢子囊群遍布羽片背面；囊群盖圆形，盾状，全缘。

海拔：1370 ~ 1620 m

张梦华等 11705 (PE)；张宪春等 11978 (PE)

阔羽贯众 **Cyrtomium yamamotoi** Tagawa

植株高 40 ~ 60 cm。根茎直立，被黑棕色披针形鳞片。叶簇生；叶柄基部禾秆色，腹面有浅纵沟，密生卵形及披针形黑棕色鳞片，上部渐稀疏；叶片卵状披针形，先端钝，基部略狭，奇数一回羽状；侧生羽片 4 ~ 14 对，互生，有短柄，披针形，中部的先端渐尖成尾状，基部不对称，上侧有耳状凸起。叶脉羽状，小脉联结成 3 ~ 4 行网眼，腹面不明显，背面微凸起。叶为纸质，两面光滑；叶轴腹面有浅纵沟，疏生披针形黑棕色鳞片。孢子囊群遍布羽片背面；囊群盖圆形，盾状，边缘有齿。

海拔：1 270 ~ 1 630 m

张梦华等 11701 (PE)，11775 (PE)；向巧萍等 12447 (PE)，12490 (PE)；张宪春等 12723 (PE)；鄂神农架队 20901 (PE)；神农架队 21190 (PE)；鄂神农架植考队 10177 (PE)

鳞毛蕨属 **Dryopteris** Adanson

尖齿鳞毛蕨 **Dryopteris acutodentata** Ching

植株高 20 ~ 45 cm。根状茎短而直立，被深棕色长圆披针形边缘具锯齿的鳞片。叶簇生；叶柄棕褐色，被棕褐色披针形鳞片；叶片三角状披针形，先端羽裂渐尖，下部略变狭，基部平截，二回羽状深裂；羽片约 15 对，互生，下部数对彼此远离，中部羽片长圆披针形，钝尖头，羽状深裂；裂片约 8 对，长方形，先端具整齐的三角形牙齿。叶轴鳞片披针形、棕褐色。孢子囊群圆形，在中肋两侧各排成一行；囊群盖圆肾形，边缘有不规则的小牙齿，常脱落。

海拔：2 320 ~ 2 680 m

向巧萍等 12401 (PE)，12400 (PE)；张宪春等 12645 (PE)，12679 (PE)，12741 (PE)；张代贵 130722007 (JIU)

两色鳞毛蕨 **Dryopteris bissetiana** (Baker) C. Chr.

Dryopteris setosa (Thunb.) Akasawa

植株高 40 ~ 60 cm。根状茎横卧或斜升，顶端密被黑色狭披针形鳞片。叶簇生；叶柄禾秆色，基部密被黑色狭披针形鳞片，鳞片顶端毛状卷曲；叶片卵状披针形，三回羽状，顶端渐尖；羽片 10 ~ 15 对，互生，披针形，基部具短柄，顶端羽裂渐尖，基部 1 对最大；小羽片约 10 对，披针形，基部 1 对最大，羽状全裂；末回小羽片披针形，边缘具粗齿至全缘。叶脉两面不明显。叶近革质，叶轴和羽轴密被泡状鳞片。孢子囊群圆形；囊群盖棕色，圆肾形，边缘全缘或有短睫毛。

海拔：1 110 ~ 1 520 m

张梦华等 11738 (PE)；张宪春等 12530 (PE)，12752 (PE)

阔鳞鳞毛蕨 **Dryopteris championii** (Benth.) C. Chr. ex Ching

植株高 50 ~ 80 cm。根状茎横卧或斜升，顶端及叶柄基部密被披针形棕色全缘的鳞片。叶簇生；叶柄禾秆色，密被阔披针形、边缘有尖齿的鳞片；叶片卵状披针形，二回羽状；羽片 10 ~ 15 对，近对生或互生，卵状披针形，基部略收缩；小羽片约 10 对，披针形，基部浅心形，具短柄，顶端钝圆并具细尖齿，边缘羽裂。侧脉羽状，背面可见。叶草质，叶轴被基部阔披针形、顶端毛状渐尖、边缘有细齿的棕色鳞片，羽轴具有较密的泡状鳞片。孢子囊群圆形；囊群盖圆肾形，全缘。

海拔：1 250 m

张梦华等 11785 (PE)；王永宗 057 (JJF)

膜边轴鳞蕨（膜边鳞毛蕨）**Dryopteris clarkei** (Baker) Kuntze

《神农架植物志》1: 138, f. 23–10. 2017，记载产于神农架各地，本次考察未见。

桫椤鳞毛蕨 **Dryopteris cycadina** (Franch. & Sav.) C. Chr.

植株高约 50 cm。根状茎粗短直立，连同叶柄基部密被黑褐色边缘有疏缘毛的狭长披针形鳞片。叶簇生；叶柄深紫褐色，基部以上疏被与根状茎同样的鳞片；叶片披针形，顶端长渐尖，基部稍缩狭，一回羽状半裂至深裂；羽片约 20 对，互生，镰刀状披针形，中部的较长，顶端长渐尖，边缘羽状半裂至深裂，下部的数对羽片略缩短；裂片近长方形，顶端圆截形，疏具细齿。叶脉羽状，侧脉单一；叶薄纸质，两面近光滑，羽轴背面有时疏被小鳞片。孢子囊群圆形；囊群盖圆肾形，全缘。

未采标本。

迷人鳞毛蕨 **Dryopteris decipiens** var. **decipiens** (Hook.) Kuntze

《神农架植物志》1: 144, f. 23–24. 2017，记载产于神农架木鱼、下谷，本次考察未见。

深裂迷人鳞毛蕨 **Dryopteris decipiens** var. **diplazioides** (Christ) Ching

《神农架植物志》1: 145, f. 23–25. 2017，记载产于神农架木鱼、下谷，本次考察未见。

远轴鳞毛蕨 **Dryopteris dickinsii** (Franch. & Sav.) C. Chr.

植株高约 45 cm。根状茎短而直立，密被棕色披针形鳞片。叶簇生；叶柄禾秆色或褐色，基部被宽披针形鳞片；叶片长圆状披针形，顶端渐尖，基部不缩狭，一回羽状；羽片约 17 对，互生，有短柄，披针形，边缘具粗钝齿或羽裂，下部数对羽片略缩短。叶脉羽状，侧脉每组 3 ~ 5 条；叶厚纸质，叶轴和羽轴下面被褐色线状披针形小鳞片。孢子囊群圆形，靠近叶边着生，沿中脉两侧有阔的不育带；囊群盖圆肾形，全缘。

海拔：705 ~ 1 620 m

向巧萍等 12458 (PE)，12483 (PE)；张宪春等 11886 (PE)，12599 (PE)，12660 (PE)，12666 (PE)，12720 (PE)，12743 (PE)；张梦华等 11674 (PE)

硬果鳞毛蕨 **Dryopteris fructuosa** (Christ) C. Chr.

Dryopteris apicifixa Ching, Boufford & K. H. Shing in J. Arn. Arb. 64(1): 27–28. 1983. Type: 1980 Sino-Am. Bot. Exp. 543 (PE)

植株高 60 ~ 80 cm。根状茎短而直立，连同叶柄基部密被亮红棕色卵圆披针形鳞片。叶簇生；叶柄深禾秆色，有纵沟，被褐棕色披针形鳞片；叶片长圆披针形，先端渐尖，基部最宽，二回羽状至三回羽状深裂；一回羽片约 20 对，长圆披针形，一回羽状；小羽片约 10 对，互生，长圆披针形，钝头，具三角状尖锯齿，羽状浅裂至半裂；裂片约 5 对，近长方形，先端具三角状尖锯齿。叶脉两面显著，多数为二叉。孢子囊群圆肾形；囊群盖红棕色，宿存。

海拔：1 400 m

张宪春等 12633 (PE)

黑足鳞毛蕨 **Dryopteris fuscipes** C. Chr.

植株高 50 ~ 80 cm。根状茎横卧或斜升。叶簇生；叶柄基部黑色，密被披针形、棕色、顶端渐尖、边缘全缘的鳞片，向上为深禾秆色，鳞片较短小和稀疏；叶片卵状披针形，二回羽状；羽片 10 ~ 15 对，披针形；小羽片 10 ~ 12 对，三角状卵形，基部最宽，顶端钝圆，边缘有浅齿，基部羽片的基部小羽片通常缩小。侧脉羽状，正面不显，背面略可见。叶纸质，叶轴具披针形和少量泡状鳞片，羽轴具较密的泡状鳞片。孢子囊群略靠近中脉；囊群盖圆肾形，边缘全缘。

海拔：500 ~ 1 210 m

张宪春等 11848 (PE)，11911 (PE)，12771 (PE)

裸叶鳞毛蕨 **Dryopteris gymnophylla** (Baker) C. Chr.

植株高 50 cm。根状茎短而横走，顶部和叶柄基部被褐棕色披针形鳞片。叶近生；叶柄连同叶轴和羽轴淡禾秆色，光滑；叶片五角形，长宽几相等，三回羽状至四回羽裂；羽片 5 ~ 8 对，互生或近对生，有柄，基部 1 对最大，三角状披针形，先端长尾状渐尖，基部不对称；一回小羽片约 10 对，有柄，三角状长圆形，羽轴下侧的比上侧大；末回小羽片或裂片无柄，基部下延，镰状长圆披针形，钝头，全缘或有锯齿。叶脉羽状，不分叉；叶草质。孢子囊群圆形；囊群盖圆肾形，棕色，宿存。

海拔：480 ~ 740 m

神农架队 20967 (PE)；张梦华等 11763 (PE)

边生鳞毛蕨 **Dryopteris handeliana** C. Chr.

植株高 35 ~ 60 cm。根状茎直立，连同叶柄基部密被棕色披针形全缘鳞片。叶簇生；叶柄禾秆色，粗糙，疏被棕色狭披针形全缘鳞片；叶片长矩圆披针形，先端羽裂，基部略变狭，一回羽状；羽片 15 ~ 20 对，互生，披针形，渐尖头，边缘具缺刻状锯齿。叶坚纸质，沿叶轴疏被棕色披针形全缘鳞片，背面沿羽轴疏被棕色小鳞片。叶脉羽状，不分叉，正面凹陷，背面凸起，两面均显著。孢子囊群圆形，紧靠羽片边缘着生，羽轴两侧有宽的不育带；囊群盖圆肾形，棕色。

海拔：1 300 m

中美联合鄂西植物考察队 1293 (PE)

假异鳞毛蕨 **Dryopteris immixta** Ching

《神农架植物志》1: 147, f. 23–30. 2017，记载产于神农架各地，本次考察未见。

京鹤鳞毛蕨 **Dryopteris kinkiensis** Koidz. ex Tagawa

植株高 40 ~ 70 cm。根状茎直立，顶端密被暗棕色线状披针形鳞片。叶簇生；叶柄禾秆色，基部密被鳞片，上部鳞片较稀少；叶片卵状披针形，基部羽片与中部羽片几乎等长，叶片顶端略急尖，二回羽状；羽片 10 ~ 15 对，披针形，互生；小羽片约 10 对，羽状浅裂，披针形，基部阔楔形，顶端短渐尖。侧脉羽状，正面不显，背面明显。叶纸质，叶轴和羽轴基部具有较密的披针形淡棕色鳞片，羽轴中上部具有稀疏的泡状鳞片。孢子囊群在小羽片中脉两侧各一行；囊群盖圆肾形，全缘。

海拔：450 m

张宪春等 11878 (PE)

齿头鳞毛蕨（齿果鳞毛蕨）**Dryopteris labordei** (Christ) C. Chr.

《神农架植物志》1: 136–137, f. 23–7. 2017，记载产于神农架各地，本次考察未见。

狭顶鳞毛蕨 **Dryopteris lacera** (Thunb.) Kuntze

植株高 60 ~ 80 cm。根状茎短粗，直立或斜升。叶簇生；叶柄禾秆色，连同叶轴密被褐色、膜质、略有尖齿的鳞片；叶片椭圆形至长圆形，二回羽状分裂；羽片约 10 对，对生或互生，具短柄，广披针形，先端长渐尖，下部羽片几乎不缩短，正面能育羽片常骤然狭缩，孢子散发后即枯萎；叶厚草质，叶轴上的鳞片线状披针形，羽轴背面残存有小鳞片。叶脉羽状，侧脉在小羽片正面略下凹。孢子囊群圆形，生于上部羽片；囊群盖圆肾形，全缘。

海拔：740 ~ 2 430 m

向巧萍等 12440 (PE)，12486 (PE)；张宪春等 11903 (PE)，12525 (PE)，12682 (PE)，12724 (PE)，12755 (PE)；X. C. Zhang 3334 (PE)，3335 (PE)，3383 (PE)，3385 (PE)

脉纹鳞毛蕨 **Dryopteris lachoongensis** (Bedd.) B. K. Nayar & S. Kaur

《神农架植物志》1: 146, f. 23–28. 2017，记载产于神农架红坪，本次考察未见。

黑鳞鳞毛蕨 **Dryopteris lepidopoda** Hayata

植株高达 90 cm。根状茎粗壮，直立或斜升，密被红棕色披针形全缘鳞片。叶簇生；叶柄禾秆色，基部密被黑色、线状披针形、具毛发状尖头的鳞片，向上渐稀疏；叶片卵圆披针形，先端羽裂渐尖，基部略狭缩，二回羽状深裂；侧生羽片约 20 对，互生；裂片 15 ~ 20 对，先端圆钝头，疏具三角形牙齿，侧边具缺刻状锯齿。叶纸质，叶轴及羽轴背面被黑色、线状披针形、基部多分叉的鳞片。侧脉羽状，分叉，背面明显。孢子囊群圆形；囊群盖圆肾形，棕色，成熟后易脱落。

海拔：1 170 ~ 1 570 m

X. C. Zhang 3397 (PE)；向巧萍等 12492 (PE)；张宪春等 12721 (PE)，12756 (PE)，12767 (PE)

路南鳞毛蕨 **Dryopteris lunanensis** (Christ) C. Chr.

植株高达 80 cm。根状茎短而直立，密被黑褐色披针形鳞片。叶簇生；叶柄连同叶轴密被黑色线状披针形鳞片；叶片长卵形，先端渐尖，一回羽状；羽片约 18 对，互生，几无柄，披针形，顶端尾状渐尖，向基部略变狭，羽状半裂；裂片顶部有尖锯齿。叶脉羽状，侧脉单一，基部上侧的 1 条侧脉不伸达缺刻。叶草质，正面几光滑，沿羽轴背面被黑色披针形小鳞片。孢子囊群背生于侧脉上，沿主脉两侧各有一行，位于主脉与叶边中间；囊群盖棕色，膜质，易脱落。

海拔：705 m

张宪春等 11896 (PE)

黑鳞远轴鳞毛蕨 **Dryopteris namegatae** (Sa. Kurata) Sa. Kurata

Dryopteris infrapuberula Ching, Boufford & K. H. Shing in J. Arn. Arb. 64(1): 28–30. 1983. Type: 1980 Sino-

Am. Bot. Exp. 619 (PE)

植株高 25 ~ 80 cm。根状茎短而直立，密被褐棕色阔披针形鳞片。叶簇生；叶柄褐禾秆色，连同叶轴被黑色披针形、狭披针形、边缘疏生刺齿的鳞片；叶片长圆状披针形，先端狭缩，短渐尖并为羽裂，基部略变狭，一回羽状；羽片 15 ~ 30 对，互生，披针形，下部数对羽片稍缩短。叶脉羽状，侧脉不分叉，背面凸出，正面凹陷，伸达叶边。叶纸质，中脉背面疏被开展的黑色小鳞片。孢子囊群圆形，近叶边着生；囊群盖圆肾形，棕色，全缘。

海拔：1 300 ~ 1 750 m

鄂神农架植考队 11160 (PE)；中美联合鄂西植物考察队 1292 (PE)

大果鳞毛蕨 **Dryopteris panda** (C. B. Clarke) Christ

《神农架植物志》1: 141, 2017，记载产于神农架各地，本次考察未见。

半岛鳞毛蕨 **Dryopteris peninsulae** Kitag.

植株高达 50 cm。根状茎粗短，近直立。叶簇生；叶柄淡棕褐色，有 1 纵沟，基部密被棕褐色、膜质、线状披针形鳞片，向上连同叶轴散生栗色、边缘疏生细尖齿、披针形鳞片；叶片厚纸质，长圆形，基部多少心形，先端短渐尖，二回羽状；羽片 12 ~ 20 对，对生或互生，具短柄，卵状披针形；小羽片或裂片达 15 对，长圆形，先端钝圆且具短尖齿，边缘具浅波状齿。孢子囊群圆形；囊群盖圆肾形至马蹄形，近全缘，成熟时不完全覆盖孢子囊群。

海拔：420 ~ 1 690 m

张梦华等 11677 (PE)，11707 (PE)；张宪春等 12564 (PE)，12730 (PE)，12774 (PE)；神农架队 20276 (PE)；中美联合鄂西植物考察队 759 (PE)

柄盖蕨（柄盖鳞毛蕨）**Dryopteris peranema** Li Bing Zhang

《神农架植物志》1: 137, f. 23–9. 2017，记载产于神农架各地，本次考察未见。

普陀鳞毛蕨 **Dryopteris pudouensis** Ching

Dryopteris pacifica (Nakai) Tagawa, non Christ

植株高 60 ~ 80 cm。根状茎横卧或斜升，顶端密被黑色披针形鳞片。叶簇生；叶柄禾秆色，下部密被与根状茎顶端相同的鳞片，向上被黑色毛状鳞片和紧贴于叶柄的棕色鳞片；叶片五角状卵形，三回羽状；羽片 10 ~ 15 对，互生，基部一对羽片最大；小羽片 10 ~ 15 对，披针形，羽状全裂或深裂。叶脉背面明显，末回小羽片或裂片的叶脉羽状，小脉二叉或单一。叶厚纸质，小羽片中脉具有较多的棕色泡状鳞片。孢子囊群略靠近小羽片或末回裂片的边缘着生；囊群盖圆肾形，棕色，边缘啮蚀状。

海拔：500 m

张宪春等 11835 (PE)

豫陕鳞毛蕨 **Dryopteris pulcherrima** Ching

植株高 30 ~ 60 cm。根状茎直立，密被淡棕色披针形鳞叶。叶簇生；叶柄密被褐色或黑褐色阔披针形鳞片；叶片椭圆形，渐尖头，下部变狭，二回羽状深裂；羽片约 25 对，有短柄，中部羽片披针形，渐尖头，羽状深裂；小羽片约 13 对，长方形，基部 1 对圆钝头，近全缘，下部数对渐次缩短。叶草质，羽片两面近光滑；叶脉羽状，两面不明显，大多单一，羽轴鳞片线状披针形，叶轴上有相当多淡棕色、阔披针形鳞片。孢子囊群圆形；囊群盖圆肾形，棕色。

海拔：950 ~ 2 840 m

张梦华等 11668 (PE)，11688 (PE)；张宪春等 11947 (PE)，11948 (PE)，12011 (PE)，12567 (PE)，12568 (PE)，12573 (PE)，12584 (PE)，12673 (PE)，12683 (PE)；向巧萍等 12384 (PE)，12395 (PE)，12442 (PE)，12449 (PE)，12452 (PE)，12456 (PE)，12504 (PE)；喻勋林等 080122 (PE)

密鳞鳞毛蕨 **Dryopteris pycnopteroides** (Christ) C. Chr.

《神农架植物志》1: 141, f. 23–18. 2017，记载产于神农架各地，本次考察未见。

川西鳞毛蕨 **Dryopteris rosthornii** (Diels) C. Chr.

植株高 60 ~ 80 cm。根状茎直立，密被黑色、披针形鳞片。叶簇生；叶柄基部密被深棕色阔披针形鳞片，向上连同叶轴被亮黑褐色线状披针形和线形、边缘具锯齿的鳞片；叶片椭圆披针形，基部狭缩，二回羽裂；羽片约 20 对，阔披针形，常中部最宽，尾状渐尖，基部近圆形，有短柄，羽状深裂几达羽轴。叶草质，羽轴正面略被棕色鳞毛，背面被黑褐色线状披针形鳞片。叶脉羽状，二叉。孢子囊群圆形，生于叶片上半部，每裂片 4 ~ 6 对；囊群盖圆肾形，棕色，膜质。

海拔：950 ~ 2 450 m

张宪春等 11928 (PE), 11937 (PE), 11943 (PE), 12687 (PE)；神农架队 21605 (PE)；神农架植物考察队 11759 (PE)；中美联合鄂西植物考察队 311 (PE, NAS)；鄂神农架植考队 11410 (PE)

无盖鳞毛蕨 **Dryopteris scottii** (Bedd.) Ching ex C. Chr.

植株高 50 ~ 80 cm。根状茎粗短，直立，连同叶柄下部密生褐黑色披针形具疏齿的鳞片。叶簇生；叶柄禾秆色，中部向上达叶轴疏生褐黑色、钻状披针形、下部边缘有刺状齿的小鳞片；叶片长圆形或三角状卵形，顶端羽裂渐尖，基部略变狭，一回羽状；羽片 10 ~ 16 对，披针形或长圆披针形，渐尖头，基部圆截形，边缘有前伸的波状圆齿。叶脉略可见，侧脉羽状分枝。叶薄草质，正面光滑，背面沿羽轴及侧脉偶有纤维状小鳞片。孢子囊群圆形，生于小脉中部稍下处；无盖。

海拔：2 600 m

X. C. Zhang 3428 (PE)

腺毛鳞毛蕨 **Dryopteris sericea** C. Chr.

植株高 20 ~ 40 cm。根状茎斜升，被棕色披针形鳞片。叶簇生；叶柄禾秆色，连同叶轴密被腺毛，并疏生褐色披针形鳞片；叶片卵状长圆形，二回羽状；羽片约 10 对，互生，有短柄，阔披针形，下部的不缩短；小羽片约 5 对，长圆形，钝头，基部两侧略呈耳状，多少与羽轴合生，边缘浅裂。叶脉羽状，侧脉二至三叉，下面较明显。叶草质，遍体被腺毛，正面较密，羽轴背面疏生少数小型鳞片。孢子囊群生于侧脉顶端；囊群盖圆肾形，棕色，纸质，正面有腺毛。

海拔：705 ~ 1 270 m

张宪春等 11894 (PE)，12526 (PE)

刺尖鳞毛蕨 **Dryopteris serratodentata** (Bedd.) Hayata

植株高 20 ~ 40 cm。根状茎短而直立，被卵状披针形棕色边缘有锯齿的鳞片。叶簇生；叶柄基部被同样的鳞片；叶片长圆披针形，先端羽裂渐尖，下部略变狭，二回羽状深裂；羽片 10 ~ 18 对，互生，长圆披针形，钝尖头，羽状深裂；裂片 6 ~ 10 对，长圆形，先端圆，边缘有重锯齿。叶干后黄绿色，纸质；叶脉羽状，背面明显，正面不显；叶轴及羽轴被棕褐色、卵圆披针形鳞片。孢子囊群生于羽片中下部；囊群盖小，边缘撕裂。

海拔：2 800 m

X. C. Zhang 3429 (PE)

纤维鳞毛蕨 **Dryopteris sinofbrillosa** Ching

植株高 40 ~ 70 cm。根状茎直立，密被深棕色披针形边缘具锯齿的鳞片。叶簇生；叶柄基部密被黑褐色狭披针形鳞片，向上鳞片渐稀疏；叶片披针形，羽状渐尖头，基部狭缩，二回羽状；侧生羽片约 25 对，披针形，羽状深裂，渐尖头，基部最宽，几无柄，向基部数对羽片渐缩短；小羽片约 15 对，长圆形，圆钝头，两侧近全缘。叶薄纸质，背面叶脉略可见，羽片背面有淡棕色鳞片，正面近光滑，羽轴正面光滑，背面疏被鳞毛。孢了囊群圆形；囊群盖圆肾形。

海拔：1 270 ~ 2 840 m

向巧萍等 12360 (PE)，12385 (PE)，12439 (PE)，12443 (PE)，12459 (PE)；张宪春等 12609 (PE)，12614 (PE)，12646 (PE)，12648 (PE)

稀羽鳞毛蕨 **Dryopteris sparsa** (D. Don) Kuntze

植株高 50 ~ 70 cm。根状茎短，直立或斜升，连同叶柄基部密被棕色全缘的披针形鳞片。叶簇生；叶柄淡栗褐色或上部为棕禾秆色，基部以上连同叶轴、羽轴均无鳞片；叶片卵状长圆形，顶端长渐尖并为羽裂，基部不狭缩，二回羽状至三回羽裂；羽片约 9 对，对生或近对生，有短柄，基部 1 对最大，三角状披针形；小羽片 13 ~ 15 对，互生，披针形，基部阔楔形，不对称；裂片长圆形，顶端钝圆并有几个尖齿，边缘有疏细齿；叶近纸质，两面光滑。孢子囊群圆形；囊群盖圆肾形，全缘。

海拔：520 m

张宪春等 11832 (PE)

褐鳞鳞毛蕨 **Dryopteris squamifera** Ching & S. K. Wu

植株高 40 ~ 70 cm。根状茎直立，密被棕色宽披针形鳞片。叶簇生；叶柄密被褐色披针形边缘有尖齿的鳞片；叶片长圆披针形，先端渐尖，下部渐变狭，二回羽状深裂；羽片约 20 对，披针形，钝尖头，羽状深裂；小羽片约 10 对，矩圆形，圆钝头，疏具三角形小牙齿。叶纸质，叶轴密被黑褐色披针形和棕色宽披针形鳞片，正面鳞片较稀，羽轴和叶片背面疏被淡棕色纤维状鳞毛。叶脉羽状，分叉，两面略显。孢子囊群圆形；囊群盖圆肾形，纸质，红棕色。

海拔：950 ~ 2 600 m

张宪春等 11909 (PE)，11944 (PE)，11959 (PE)

半育鳞毛蕨 **Dryopteris sublacera** Christ

植株高 60 ~ 80 cm。根状茎短而直立，连同叶柄基部密被亮红棕色长圆披针形鳞片。叶簇生；叶柄禾秆色，被鳞片，向上达叶轴鳞片逐渐变小，披针形，边缘疏具尖刺齿；叶片狭长圆披针形，先端渐尖，向基部不变狭，二回羽状；羽片约 20 对，披针形，先端渐尖，沿羽轴被棕色披针形鳞片，一回羽状；小羽片 8 ~ 10 对，近四方形，钝头，具锯齿，两侧边有缺刻状锯齿。叶脉正面不显，背面显著，多数为二叉。孢子囊群圆肾形；囊群盖同形，成熟时不完全覆盖孢子囊群。

海拔：800 ~ 1 290 m

张宪春等 11912 (PE), 11914 (PE), 12722 (PE), 12731 (PE), 12754 (PE); X. C. Zhang 3386 (PE)，3364 (PE)

无柄鳞毛蕨 **Dryopteris submarginata** Rosenst.

植株高 60 ~ 80 cm。根状茎斜升。叶簇生；叶柄禾秆色，基部密被披针形鳞片，往上鳞片稀疏；叶片卵状披针形，三回羽状；羽片约 10 对，对生或近对生，卵状披针形，基部几无柄，顶端羽裂渐尖；小羽片 10 ~ 12 对，卵状披针形，基部阔楔形，顶端短渐尖，边缘有羽状深裂；裂片 5 ~ 8 对，圆头，边缘和顶端前方有钝齿。叶脉正面不明显，背面隐约可见，侧脉羽状。叶纸质，正面光滑，背面叶轴有披针形、黑色鳞片。孢子囊群圆形；囊群盖圆肾形，棕色，全缘。

海拔：520 m

张宪春等 11830 (PE)

东京鳞毛蕨 **Dryopteris tokyoensis** (Matsurn. ex Makino) C. Chr.

植株高达 1.1 m。根状茎短而直立，顶部密被棕色阔披针形鳞片。叶簇生；叶柄禾秆色，密被阔披针形鳞片，向上渐疏；叶片长圆状披针形，顶端渐尖并为羽裂，基部渐狭缩，二回羽状深裂；羽片 30 ~ 40 对，互生，有短柄，狭长披针形，下部多对羽片逐渐缩短，羽状半裂或深裂；裂片长圆形，顶端圆，并有细锯齿。叶脉羽状，侧脉二叉，伸达叶边。叶纸质，仅羽轴下面近基部疏被纤维状小鳞片。叶片通常上部能育，下部不育。孢子囊群圆形；囊群盖圆肾形，全缘，宿存。

海拔：1 740 ~ 2 200 m

张宪春等 12055 (PE)；向巧萍等 12437 (PE)；中美联合鄂西植物考察队 1258 (PE)；鄂神农架植考队 11659 (PE)；张宪春 3308 (PE)

台湾肋毛蕨（巢形鳞毛蕨）Dryopteris transmorrisonense (Hayata) Hayata

植株高约 50 cm。根状茎短而直立，顶部与叶柄基部密被线状披针形鳞片。叶簇生；叶柄基部棕禾秆色，上面有浅沟，基部以上疏被与根状茎上同样而较小的鳞片；叶片椭圆披针形，向基部稍狭，先端渐尖，二回羽状；羽片约 15 对，互生，无柄，披针形，先端渐尖，基部截形；小羽片约 10 对，长方形，截头，基部与羽轴合生，近全缘或有疏圆齿。叶脉羽状，小脉二叉。叶纸质，叶轴和羽轴正面有浅沟并密被有关节的淡棕色毛，背面被披针形淡棕色鳞片。孢子囊群圆形；囊群盖近全缘，膜质，棕色，宿存。

海拔：2 850 m

向巧萍等 12386 (PE)

变异鳞毛蕨 **Dryopteris varia** (L.) Kuntze

植株高 50 ~ 70 cm。根状茎横卧或斜升，顶端密被褐棕色狭披针形鳞片。叶簇生；叶柄禾秆色，基部被与根状茎顶端相同的鳞片；叶片五角状卵形，二至三回羽状，基部下侧小羽片向后伸长呈燕尾状；羽片约 10 对，披针形，基部 1 对最大，顶端羽裂渐尖，基部有短柄；小羽片 6 ~ 10 对，披针形，基部羽片的小羽片上先出。叶脉下面明显，小脉分叉或单一。叶近革质，叶轴和羽轴被小鳞片，小羽轴和裂片中脉背面疏被棕色泡状鳞片。孢子囊群靠近小羽片或裂片边缘着生；囊群盖圆肾形，棕色，全缘。

海拔：450 ~ 500 m

张宪春等 11846 (PE)，11880 (PE)

黄山鳞毛蕨 Dryopteris whangshangensis Ching

Dryopteris submarginalis Ching, Boufford & K. H. Shing in J. Arn. Arb. 64（1）: 30. 1983. Type: 1980 Sino-Am. Bot. Exp. 1356 (PE)

植株高 60 ~ 80 cm。根状茎直立，密被深棕色披针形边缘全缘的鳞片。叶簇生；叶柄禾秆色，被深棕色披针形边缘流苏状的鳞片；叶片披针形，先端渐尖，向基部渐变狭，一回羽状深裂；羽片约 20 对，披针形，基部最宽，向下羽片逐渐缩短，羽状深裂；裂片约 16 对，长方形，先端有 3 ~ 4 个粗锯齿，边缘有浅缺刻。叶草质，两面沿羽轴和中肋被卵圆形、基部流苏状的鳞片。叶脉羽状，不分叉。孢子囊群生于叶片上部裂片顶端，边生；囊群盖圆肾形，淡褐色，边缘全缘。

海拔：1 490 ~ 2 800 m

张宪春等 12674 (PE)，12675 (PE)；鄂神农架植考队 (PE)；X. C. Zhang 3436 (PE)

耳蕨属 Polystichum Roth

尖齿耳蕨 Polystichum acutidens Christ

植株高达 1 m。根状茎直立，顶端及叶柄基部密被棕色卵形全缘的厚膜质鳞片。叶簇生；叶柄禾秆色，正面有沟槽，基部以上被少数与基部相同的鳞片及较多渐缩小、边缘有疏长齿的棕色膜质鳞片；叶片披针形，顶端渐尖，基部略狭缩，一回羽状；羽片无柄，互生或近对生，镰刀状披针形，顶端常有短芒刺，基部上侧有耳状凸起。叶纸质，叶轴下面疏被棕色、边缘有疏齿的膜质小鳞片，羽片下面被浅棕色细小鳞片及短节毛。孢子囊群生于较短的小脉顶端；囊群盖圆盾形，深棕色，近全缘，早落。

海拔：500 ~ 1 300 m

张宪春等 11851 (PE)，12012 (PE)；D. E. Boufford et al. 43849 (PE)；X. C. Zhang 3404 (PE)

尖头耳蕨 Polystichum acutipinnulum Ching & K. H. Shing

《神农架植物志》1: 160–161, f. 23–60. 2017，记载产于神农架木鱼，本次考察未见。

小狭叶芽胞耳蕨 Polystichum atkinsonii Bedd.

植株高 5 ~ 25 cm。根状茎短而直立，顶端密被红棕色膜质边缘有疏长齿的披针形小鳞片。叶簇生；叶柄浅紫色，被与根状茎顶端相同的鳞片；叶片线状长椭圆披针形，中部较宽，顶端钝，有 2 ~ 4 个裂片；羽片 10 ~ 20 对，互生或近对生，矩圆形，有短柄，中部的顶端通常钝，基部上侧凸起呈耳状，边缘常浅羽裂。叶脉羽状，不明显，侧脉二叉或单一。叶纸质，叶轴两面疏被与叶柄上相同的小鳞片，顶端有 1 枚小芽胞。孢子囊群生于小脉顶端；囊群盖圆盾形，棕色，厚膜质，近全缘，宿存。

海拔：950 ~ 2 460 m

张梦华等 11699 (PE)；张宪春等 11941 (PE)，12678 (PE)

巴兰耳蕨 Polystichum balansae Christ

植株高 25 ~ 60 cm。根茎直立，被披针形棕色鳞片。叶簇生；叶柄基部禾秆色，腹面有浅纵沟，被狭卵形及披针形棕色鳞片；叶片披针形，先端渐尖，基部略狭，一回羽状；羽片约 15 对，互生，镰状披针形，下部的先端渐尖，基部上侧截形并有耳状凸起，边缘有钝齿；叶脉羽状，小脉联结成 2 行网眼，腹面不明显，背面微凸起。叶纸质，腹面光滑，背面疏生棕色小鳞片；叶轴腹面有浅纵沟，疏生棕色鳞片。孢子囊群位于中脉两侧各成 2 行；囊群盖圆形，盾状，边缘全缘。

海拔：520 m

张代贵 ly140322076 (JIU)；张宪春等 11833 (PE)

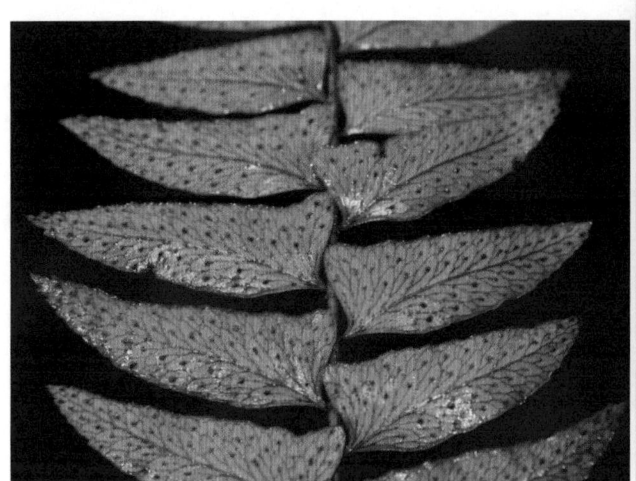

宝兴耳蕨 Polystichum baoxingense Ching & H. S. Kung

植株高 30 ~ 60 cm。根茎粗壮，直立，密被宽披针形深棕色鳞片。叶簇生；叶柄基部禾秆色，腹面有纵沟，密生卵形及宽披针形棕色鳞片；叶片狭卵形，先端渐尖，基部圆楔形，二回羽状；羽片 24 ~ 34 对，互生，线状宽披针形，有时呈镰状；小羽片约 10 对，互生，斜卵形或狭卵形，先端急尖呈刺状，基部上侧有三角形耳状凸起。小羽片具羽状脉，腹面不明显，背面略凹下。叶革质，叶轴腹面有纵沟，两面密生边缘具睫毛的鳞片。孢子囊群位于主脉两侧；囊群盖圆形，盾状，全缘。

海拔：1 290 ~ 1 770 m

向巧萍等 12361 (PE)，12484 (PE)；张梦华等 11771 (PE)；张宪春等 11980 (PE)，11981 (PE)，12612 (PE)，12669 (PE)，12701 (PE)，12727 (PE)

布朗耳蕨 **Polystichum braunii** (Spenn.) Fée

Polystichum shennongense Ching, Boufford & K. H. Shing in J. Arn. Arb. 64（1）: 33–34. 1983. Type: 1980 Sino–Am. Bot. Exp. 1236 (PE)

植株高 40 ~ 70 cm。根状茎短而直立或斜升，密生线形淡棕色鳞片。叶簇生；叶柄基部棕色，腹面有纵沟，被淡棕色线形鳞片和较大鳞片，大鳞片卵形具光泽边缘略具齿；叶片椭圆状披针形，先端渐尖，能育，向基部渐变狭，下部不育，二回羽状；羽片约 20 对，互生，具短柄，披针形，先端渐尖，基部不对称，一回羽状。叶脉羽状，侧脉二歧分叉，明显。叶薄草质，两面被淡棕色长纤毛状小鳞片；叶轴和羽轴背面被鳞片。孢子囊群圆形；囊群盖圆形，盾状，边缘全缘。

海拔：705 ~ 1 560 m

向巧萍等 12441 (PE)；张宪春等 11899 (PE)，12671 (PE)，12676 (PE)

基芽耳蕨 **Polystichum capillipes** (Baker) Diels

植株高 5 ~ 30 cm。根状茎短而直立，顶端及叶柄基部被红棕色二型鳞片。叶簇生；叶柄浅绿禾秆色，正面有沟槽；叶片狭长椭圆披针形，顶端渐尖，向基部渐变狭，二回羽状分裂或近二回羽状；侧生羽片 15 ~ 30 对，互生或近对生，近矩圆形，基部有短柄，中部羽片最大，向下渐缩短。叶脉两面不明显，有时背面可见。叶草质，叶轴浅绿禾秆色，两面被红棕色、基部有纤维状疏长齿的小鳞片，羽片两面被小鳞片及针状节毛。孢子囊群着生于近羽片中肋处；囊群盖圆盾形，棕色，薄膜质，边缘浅撕裂状。

未采标本。

鞭叶耳蕨（华北耳蕨）**Polystichum craspedosorum** (Maxim.) Diels

植株高约 15 cm。根茎直立，密生披针形棕色鳞片。叶簇生；叶柄基部禾秆色，腹面有纵沟，密生披针形棕色、边缘有齿的鳞片；叶片线状披针形，先端渐狭，基部略狭，一回羽状；羽片 15 ~ 25 对，对生或互生，柄极短，矩圆形，中部的先端钝，基部偏斜，上侧有耳状凸起，下侧楔形，边缘有尖齿牙。叶脉羽状，侧脉单一，腹面不明显，背面微凸。叶纸质，背面脉上有黄棕色鳞片，叶轴背面被狭披针形鳞片，先端延伸呈鞭状，顶端有芽胞。孢子囊群通常位于羽片上侧边缘成一行；囊群盖圆形，全缘，盾状。

海拔：670 ~ 1 700 m

张梦华等 11720 (PE)；张宪春等 12019 (PE)，12048 (PE)，12712 (PE)；向巧萍等 12499 (PE)；中美联合鄂西植物考察队 418 (PE)；鄂神农架植考队 30846 (PE)，32538 (PE)；神农架队 20618 (PE)，21187 (PE)；周，董 76111 (PE)；X. C. Zhang 3323 (PE)，3408 (PE)；张代贵 0325016 (JIU)

对生耳蕨 **Polystichum deltodon** (Baker) Diels

Polystichum dielsii auct. non Christ: Fl. Shennongjia 1: 162, f. 23–64. 2017.

植株高 15 ~ 40 cm。根状茎短而斜升，顶端及叶柄基部被棕色卵形近全缘的厚膜质鳞片。叶簇生；叶柄禾秆色，正面有沟槽，基部以上被棕色、卵状披针形、边缘有疏长齿的薄膜质鳞片；叶片披针形，顶端羽裂渐尖，基部略缩狭，一回羽状；羽片 20 ~ 40 对，通常互生，矩圆形，顶端急尖并具短芒刺头。叶脉正面不明显，背面略可见，羽状，侧脉二叉至单一。叶坚纸质，叶轴两面被鳞片；羽片正面光滑，背面被细小鳞片。孢子囊群生于小脉顶端；囊群盖圆盾形，棕色，边缘啮蚀状，早落。

海拔：500 ~ 2 166 m

张宪春等 11805 (PE), 11855 (PE), 12015 (PE); 向巧萍等 12505 (PE); 中美联合鄂西植物考察队 500 (PE, NAS)，1079 (PE)；张代贵 zdg4172 (JIU)，YH110715903 (JIU)

蚀盖耳蕨 **Polystichum erosum** Ching & K. H. Shing

植株高 5 ~ 15 cm。根茎直立，密生披针形、深棕色中央带黑色的鳞片。叶簇生；叶柄禾秆色，腹面有纵沟，密生披针形红棕色鳞片；叶片线状披针形，先端渐狭，基部略狭，一回羽状；羽片 15 ~ 25 对，对生或互生，矩圆形，中部的先端圆钝形，基部偏斜，耳凸不明显。叶脉羽状，侧脉单一或基部的二叉状，腹面不明显，背面微凸。叶纸质，两面被棕色鳞片；叶轴腹面有纵沟，背面有狭披针形鳞片，先端常有芽胞。孢子囊群生在主脉两侧，各成一行；囊群盖圆形，边缘啮蚀状，盾状。

海拔：950 ~ 1 752 m

向巧萍等 12491 (PE)，12500 (PE)；张宪春等 11940 (PE)，12006 (PE)，12060 (PE)，12576 (PE)，12577

(PE)，12578 (PE)，12593 (PE)，12621 (PE)，12707 (PE)，12729 (PE)；中美联合鄂西植物考察队 1764 (PE)；鄂神农架植考队 11123 (PE)，30727 (PE)，32401 (PE)；鄂神植考队 11326 (PE)；X. C. Zhang 3328 (PE)，3389 (PE)，3396 (PE)；D. E. Boufford et al. 43766 (PE)

柳叶蕨（柳叶耳蕨）**Polystichum fraxinellum** (Christ) Diels

植株高 25 ~ 45 cm。根状茎短而直立，先端连同叶柄密被棕色、卵形且先端渐尖、边缘疏生睫毛的鳞片。叶簇生；叶柄禾秆色；叶片长卵圆形，一回羽状；顶生羽片全缘或羽裂，侧生羽片 5 ~ 10 对，互生，有柄，披针形，下部的渐尖头，基部楔形，近全缘。叶脉网结，在主脉两侧各有 1 行网眼，有内藏小脉，向外小脉分离，两面可见。叶厚革质，正面光滑，叶轴和主脉背面疏被棕色、披针形小鳞片。孢子囊群圆形；囊群盖盾状着生，棕色，厚膜质，全缘，以后脱落。

海拔：500 m

张宪春等 11850 (PE)；张代贵 ly120721024 (JIU)

草叶耳蕨 **Polystichum herbaceum** Ching & Z. Y. Liu

植株高 30 ~ 50 cm。根茎直立，密被狭卵形深棕色鳞片。叶簇生；叶柄基部禾秆色，腹面有纵沟，下部密生披针形及线形的深棕色、边缘睫毛状鳞片；叶片狭卵形，二回羽状，先端长渐尖；羽片约 20 对，互生，有柄，线状披针形，中部的先端长渐尖，基部偏斜，羽状；小羽片约 10 对，互生，有短柄，宽披针形，下部的先端渐尖呈刺尖状，基部上侧有三角形耳状凸起。叶纸质，背面疏生毛状黄棕色的鳞片。孢子囊群位于小羽片主脉两侧；囊群盖圆形，盾状，全缘。

海拔：1 250 ~ 1 500 m

张梦华等 11774 (PE)；张宪春等 12002 (PE)，12726 (PE)

湖北耳蕨 **Polystichum hubeiense** Liang Zhang & Li Bing Zhang

植株高 10 cm。根状茎短而斜升，被披针形鳞片。叶簇生，叶柄绿色，正面有浅纵沟，基部被与根状茎上相似的鳞片；叶片披针形，一回羽状，从中间向基部逐渐变狭；羽片 12 ~ 29 对，长圆形，具短柄，互生。叶干后棕色；叶轴被狭卵形或披针形、浅棕色、膜质的鳞片，正面有纵沟。叶脉羽状，背面明显，正面略可见，中脉背面稍隆起，侧脉单一或分叉。孢子囊群生于羽片上侧的小脉顶端，每羽片 2 ~ 3 个，无囊群盖。

海拔：约 1 400 m

张梦华等 11721 (PE)；刘志祥 DS069 (CCAU)

该种在发表时描述其囊群盖圆形，膜质，棕色，盾状着生，边缘不规则撕裂，早落。野外实地调查中，通过大量居群观察，该种孢子囊群在幼嫩至成熟的各个时期，均不见有囊群盖。

拉钦耳蕨 Polystichum lachenense (Hook.) Bedd.

植株高 5 ~ 15 cm。根状茎直立，密生宽披针形棕色鳞片。叶簇生；叶柄纤细，基部禾秆色，被线形及狭披针形棕色鳞片；叶片线形，先端渐尖，基部变狭，一回羽状；羽片 12 ~ 15 对，互生，有极短的柄，卵形，中部的先端圆形，基部宽楔形，边缘有小尖齿或呈羽状浅裂。叶脉羽状，侧脉分叉，两面均不明显。叶纸质，两面同叶轴两面被少数狭披针形浅棕色鳞片。孢子囊群多生在上部羽片上；囊群盖圆形，盾状，边缘有齿缺。

海拔：2 570 m

向巧萍等 12405 (PE)

亮叶耳蕨 **Polystichum lanceolatum** (Baker) Diels

Polystichum neoliuii D. S. Jiang in Journal of Hunan Agricultural University 26(2): 89. 2000. Type: 蒋道松 (1992–10) 0225

植株高 4 ~ 10 cm。根状茎短而直立，顶端被深棕色、卵形、渐尖头、边缘有疏齿的小鳞片。叶簇生；叶柄浅棕禾秆色，正面有沟槽，疏被与根状茎上相同的鳞片；叶片线状披针形，顶端羽裂短渐尖，基部略缩狭，一回羽状；羽片 15 ~ 20 对，互生或对生，有短柄，矩圆形，顶端截形。叶脉羽状，少而稀疏，两面略可见，侧脉单一或二叉。叶厚纸质，叶轴背面疏被卵形、尾状长渐尖头、边缘有疏长齿的棕色小鳞片；羽片正面光滑，背面疏被浅棕色的短节毛。孢子囊群圆形；囊群盖圆盾形，深棕色，全缘，易脱落。

海拔：670 ~ 1 500 m

张宪春等 12017 (PE)，12035 (PE)，12545 (PE)，12548 (PE)，12728 (PE)，12740 (PE)；X. C. Zhang 3344 (PE)；神农架队 22481 (PE)

正宇耳蕨 **Polystichum liui** Ching

植株高 10 ~ 25 cm。根状茎短而直立，顶端及叶柄基部被红棕色、卵状披针形、边缘有细密小齿的膜质鳞片。叶簇生；叶柄禾秆色，正面有沟槽，基部以上疏被与基部相同的鳞片；叶片长椭圆披针形，顶端羽状浅裂至深裂，通常短渐尖，中部以下渐缩狭，一回羽状；羽片 15 ~ 45 对，互生或近对生，近矩圆形。叶脉两面可见，羽状，侧脉达疏齿基部，二叉或单一。叶厚纸质，叶轴背面被红棕色、披针形、边缘有疏齿的膜质鳞片。孢子囊群生于较短的小脉顶端；囊群盖圆盾形，深棕色，边缘啮蚀状，易脱落。

海拔：950 ~ 1 570 m

张宪春等 11923 (PE)；向巧萍等 12497 (PE)

长芒耳蕨 **Polystichum longiaristatum** Ching

植株高达 70 cm。根状茎短而直立或斜升，密生线形棕色鳞片。叶簇生；叶柄黄棕色，腹面有纵沟，被线形、披针形和较大鳞片；叶片矩圆形，先端渐尖，向下略变狭，二回羽状；羽片约 20 对，互生，披针形，先端渐尖，向基部略变狭，一回羽状；小羽片约 15 对，互生，具短柄，三角卵形，先端急尖，基部楔形。叶脉羽状，侧脉二叉，明显。叶厚草质，正面近光滑，背面密生短纤毛状小鳞片。孢子囊群靠近主脉着生；

囊群盖圆形，盾状，边缘不规则齿裂。

海拔：1 640 ~ 1 780 m

向巧萍等 12481 (PE)；中美联合鄂西植物考察队 1248 (PE)

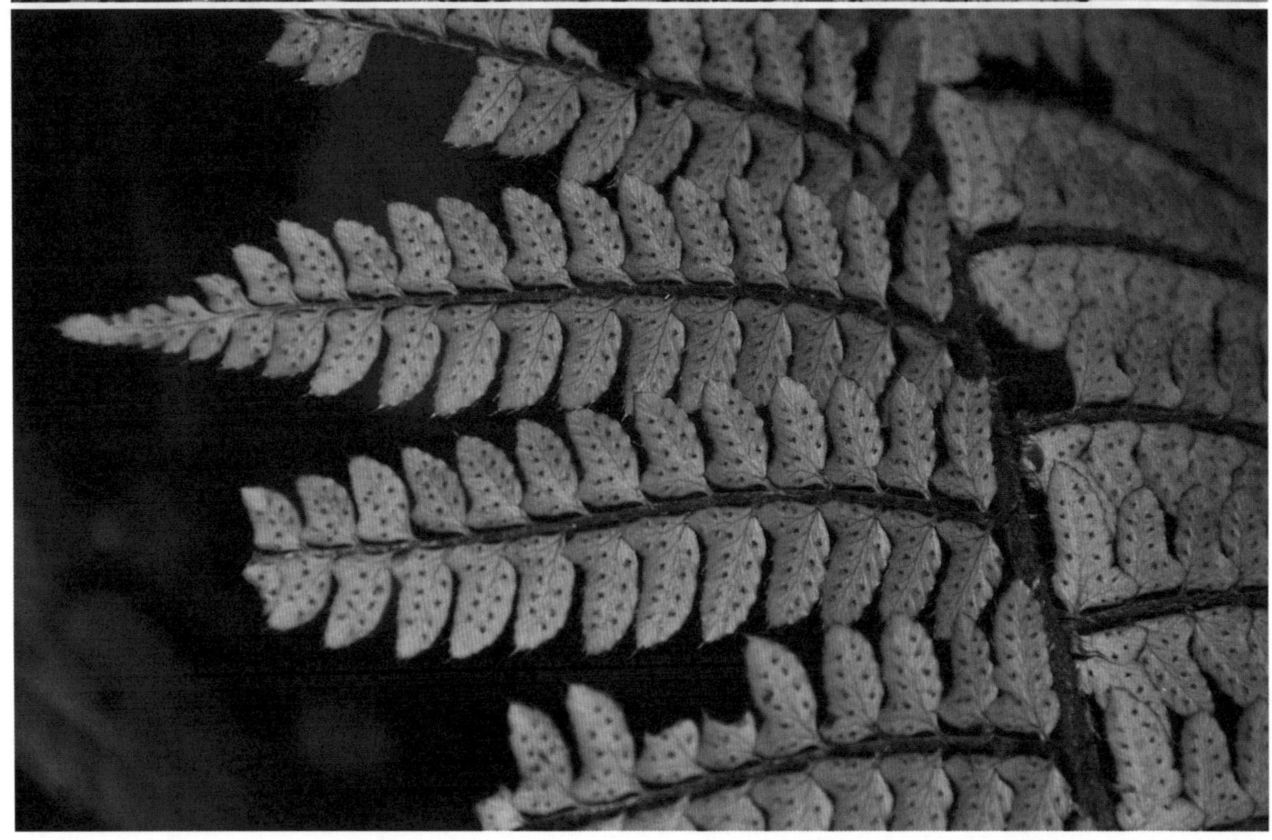

黑鳞耳蕨 **Polystichum makinoi** (Tagawa) Tagawa

植株高 40 ~ 60 cm。根状茎短而直立或斜升，密生线形棕色鳞片。叶簇生；叶柄基部黄棕色，腹面有纵沟，密生线形披针形和较大的卵形鳞片；叶片三角状卵形，先端渐尖，基部略狭，二回羽状；羽片 10 ~ 20 对，互生，披针形，先端渐尖，基部不变狭，一回羽状；小羽片，互生，先端急尖，基部楔形，上侧具耳状凸起，边缘近全缘。叶脉羽状，侧脉二叉，较明显。叶草质，正面近光滑，背面疏生小鳞片，叶轴背面生线形和披针形鳞片。孢子囊群靠近主脉着生；囊群盖圆形，盾状，边缘浅齿裂。

海拔：1 200 ~ 1 850 m

张梦华等 11672 (PE)，11675 (PE)，11692 (PE)；向巧萍等 12445 (PE)，12477 (PE)；张宪春等 12572 (PE)；鄂神农架植考队 10051 (PE)，10093 (PE)，11411 (PE)，11520 (PE)；鄂神农植考队 10306 (PE)；神农架植物考察队 11757 (PE)；刘彬彬 2263 (PE)；X. C. Zhang 3365 (PE)，3367 (PE)

小柳叶蕨（斜基柳叶耳蕨）**Polystichum minimum** (Y. T. Hsieh) Li Bing Zhang

植株高约 20 cm。根状茎短而直立，先端连同叶柄基部密被棕色披针形鳞片。叶簇生；叶柄禾秆色。叶片线形，一回羽状；顶生羽片较小，侧生羽片 9 ~ 18 对，对生或互生，几无柄，卵状长圆形，钝尖头，基部不对称，上侧近圆形，下侧楔形，近全缘或者下部边缘有钝锯齿。叶脉羽状，小脉多数，背面可见。叶近革质，棕色。孢子囊群圆形，顶生小脉上，在主脉两侧各排成 1 行；囊群盖圆形，盾状着生，棕色，膜质，全缘，以后脱落。

张代贵 YH150407752 (JIU)

穆坪耳蕨 **Polystichum moupinense** (Franch.) Bedd.

植株高 10 ~ 20 cm。根茎直立，密生宽披针形棕色鳞片。叶簇生；叶柄禾秆色，有时基部带棕色，腹面有纵沟，有卵形和披针形棕色鳞片；叶片线状披针形，先端渐尖，基部略变狭，二回羽状分裂；羽片 20 ~ 30 对，互生，无柄，卵形，上部的较狭，中部的先端钝，基部圆楔形，两侧有耳状凸起。裂片具羽状脉，两面均不明显。叶坚纸质，背面有狭披针形淡棕色鳞片；叶轴两面有披针形及线形淡棕色鳞片。孢子囊群生在中部以上的羽片上；囊群盖圆形，盾状，边缘有齿。

海拔：2 610 ~ 2 940 m

张宪春等 11962 (PE)；向巧萍等 12391 (PE)，12460 (PE)；鄂神农架植考队 10736 (PE)；X. C. Zhang 3417 (PE)，3442 (PE)

革叶耳蕨 **Polystichum neolobatum** Nakai

植株高 30 ~ 60 cm。根茎直立，密生披针形棕色鳞片。叶簇生；叶柄基部禾秆色，腹面有纵沟，密生卵形及披针形鳞片；叶片狭卵形，先端渐尖，基部圆楔形，略变狭，二回羽状；羽片 25 ~ 30 对，互生，线状披针形，中部的先端渐尖，基部为偏斜的宽楔形，羽状；小羽片 5 ~ 10 对，互生，斜卵形，先端渐尖呈刺状，基部斜楔形，边缘有少数小尖齿。叶革质，背面有纤维状分枝的鳞片；叶轴腹面有纵沟，背面被披针形鳞片。孢子囊群位于主脉两侧；囊群盖圆形，盾状，全缘。

海拔：950 ~ 1 900 m

向巧萍等 12349 (PE)；张梦华等 11695 (PE)；张宪春等 11942 (PE)，12623 (PE)，12626 (PE)，12700 (PE)，12750 (PE)；鄂神农架植考队 10078 (PE)，10094 (PE)，10154 (PE)，11116 (PE)，11972 (PE)；鄂神农架林区植考队 10846 (PE)；鄂神植考队 10947 (PE)；神农架植物考察队 11783 (PE)；神农架队 20790 (PE)，21241 (PE)；鄂神农架队 22078 (PE)；中美联合鄂西植物考察队 541 (PE)，1228 (PE)；杨光辉 59743 (CDBI)

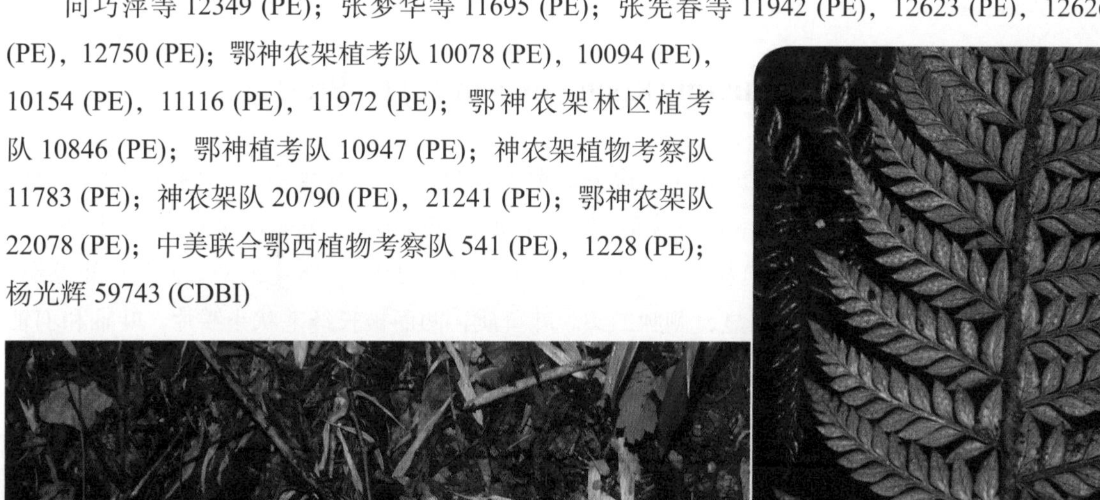

乌鳞耳蕨 Polystichum piceopaleaceum Tagawa

植株高达 1 m。根状茎短而斜升，密生线形棕色鳞片。叶簇生；叶柄黄棕色，腹面有纵沟，密生线形披针形鳞片；叶片矩圆状披针形，先端渐尖，二回羽状；羽片约 20 对，互生，具短柄，披针形，先端渐尖，向基部不变狭，基部不对称；小羽片约 10 对，互生，具短柄，矩圆形，边缘近全缘。小羽片具羽状脉，侧脉二歧分叉，明显。叶草质，两面被短纤毛状小鳞片；叶轴腹面有纵沟，背面密生棕色线形、披针形鳞片和较大的鳞片。孢子囊群每小羽片 4 ~ 6 对；囊群盖圆形，盾状，边缘不规则齿裂。

海拔：1 700 m

鄂神植考队 10993 (PE)

棕鳞耳蕨 Polystichum polyblepharum (Roem. ex Kunze) C. Presl

植株高 40 ~ 80 cm。根状茎短而直立或斜升，密生线形灰棕色鳞片。叶簇生；叶柄黄棕色，腹面有纵沟，密生灰棕色线形披针形和较大鳞片；叶片宽椭圆状披针形，先端渐尖，向基部略变狭，二回羽状；羽片约 25 对，互生，披针形，先端渐尖，向基部逐渐变狭，一回羽状；小羽片 15 ~ 20 对，互生，矩圆形，先端急尖，基部上侧近全缘；叶脉羽状，明显，侧脉二叉。叶草质，两面被长纤毛状小鳞片，叶轴和羽轴背面被灰棕色线形鳞片。孢子囊群生于小脉末端；囊群盖圆形，盾状，边缘近全缘。

海拔：1 560 ~ 2 690 m

向巧萍等 12399 (PE)；张宪春等 12665 (PE)

芒刺高山耳蕨 **Polystichum prescottianum** (Wall. ex Mett.) T. Moore

植株高 30 ~ 40 cm。根茎直立，有宽披针形深棕色鳞片。叶簇生；叶柄基部禾秆色，有卵形披针形及线形的淡棕色鳞片；叶片倒披针形，先端渐尖，基部渐狭，二回羽状分裂；羽片约 30 对，互生，无柄，狭三角卵形，中部的先端尖或钝，有芒，基部两侧略呈耳状，羽状深裂达羽轴或近羽轴；裂片约 5 对，近对生，矩圆形，边缘有小齿，齿端有芒。裂片具羽状脉，叶脉腹面较明显，背面不明显。叶纸质，两面被鳞片，叶轴腹面有纵沟。孢子囊群生在上部羽片；囊群盖圆形，盾状，近全缘。

海拔：1 680 m

张宪春等 12046 (PE)

倒鳞耳蕨 **Polystichum retroso-paleaceum** (Kodama) Tagawa

植株高 50 ~ 80 cm。根状茎短而直立或斜升，密生棕色的线形鳞片。叶簇生；叶柄基部黄棕色，腹面有纵沟，被灰棕色线形披针形和较大的鳞片，大鳞片卵形，灰棕色，边缘具密集细齿；叶片椭圆形，先端渐尖，向基部略变狭，下部不育，二回羽状；羽片约 20 对，互生，具短柄，披针形，顶端渐尖，基部不对称；小羽片互生，矩圆形，先端具锐尖头，基部楔形下延。叶草质，两面密生长纤毛状小鳞片；叶轴和羽轴背面被鳞片。孢子囊群圆形；囊群盖盾状，边缘近全缘。

海拔：950 ~ 2 100 m

张宪春等 11932 (PE)，12581 (PE)，12585 (PE)，12588 (PE)，12613 (PE)，12672 (PE)，12063 (PE)，12005 (PE)；鄂神农架植考队 11478 (PE)

山东耳蕨 Polystichum shandongense J. X. Li & Y. Wei

《神农架植物志》1: 157, f. 23–52. 2017，记载产于神农架九湖乡，本次考察未见。

陕西耳蕨 Polystichum shensiense Christ

植株高 10 ~ 25 cm。根茎直立，密生棕色或淡棕色披针形鳞片。叶簇生；叶柄禾秆色，腹面有纵沟，疏生淡棕色卵形及披针形鳞片；叶片线状倒披针形，先端渐尖，基部渐狭，二回羽状深裂；羽片 25 ~ 35 对，互生，狭卵形，中部的先端急尖，基部两侧有耳状凸起，羽状深裂达羽轴；裂片约 5 对，互生，倒卵形，先端尖，常有数个尖齿。叶脉羽状，两面均不明显。叶草质，两面有少数淡棕色鳞片，叶轴腹面有纵沟。孢子囊群着生在叶片中部及以上的羽片上；囊群盖圆形，盾状，近全缘。

海拔：430 ~ 1 600 m

张代贵 ly120523053 (JIU)，zdg7043 (JIU)，zdg7089 (JIU)

中华耳蕨 **Polystichum sinense** (Christ) Christ

植株高 20 ~ 70 cm。根茎直立，密被棕色披针形鳞片。叶簇生，叶柄禾秆色，腹面有浅纵沟，密被卵形披针形和线形棕色鳞片；叶片狭椭圆形，先端渐尖，向基部变狭，二回羽状深裂；羽片 24 ~ 32 对，互生，披针形，先端渐尖，基部上侧有耳凸，羽状深裂达羽轴；裂片约 10 对，近对生，斜卵形，先端尖，基部斜楔形，两侧有尖齿。叶脉羽状，两面不明显。叶草质，两面有纤毛状小鳞片，叶轴两面有棕色线形鳞片。孢子囊群位于裂片主脉两侧，囊群盖圆形，盾状，边缘有齿缺。

海拔：2 200 ~ 2 600 m

鄂神农架植考队 10726 (PE)；X. C. Zhang 3391 (PE)

中华对马耳蕨 **Polystichum sinotsus-simense** Ching & Z. Y. Liu

植株高 20 ~ 30 cm。根茎直立，密被狭卵形深棕色或棕色鳞片。叶簇生；叶柄禾秆色，腹面有纵沟，下部有线状披针形的深棕色鳞片，鳞片边缘睫毛状；叶片披针形至宽披针形，先端渐尖，基部圆楔形，二回羽状；羽片约 20 对，互生，有短柄，披针形，先端短渐尖，基部偏斜，上侧截形，下侧宽楔形，羽状。小羽片具羽状脉，侧脉单一或二叉状。叶革质，背面疏生毛状的黄棕色鳞片；叶轴腹面有纵沟，背面疏生鳞片。孢子囊群圆形；囊群盖同形，盾状，边缘波状。

海拔：450 m

张宪春等 11799 (PE)

狭叶芽胞耳蕨 **Polystichum stenophyllum** (Franch.) Christ

植株高 15 ~ 60 cm。根状茎短而直立，顶端密被棕色披针形边缘短流苏状的薄鳞片。叶簇生；叶柄禾秆色，正面有沟槽，被大小两种棕色鳞片；叶片线状长椭圆披针形，中部以下渐变狭，一回羽状；羽片 20 ~ 60 对，互生，镰状矩圆形，中部的较大，顶端急尖并有短芒刺，边缘有缺刻状锯齿。叶脉羽状，正面凹陷，背面略可见，侧脉斜展，几达边缘，二叉或单一。叶革质，叶轴两面被鳞片，近顶端有 1 枚芽胞。孢子囊群生于小脉顶端；囊群盖圆盾形，棕色，近全缘，宿存。

海拔：1 700 ~ 2 260 m

鄂神农架植考队 10243 (PE)，11171 (PE)，31413 (PE)；神农架队 21464 (PE)

猫儿刺耳蕨 **Polystichum stimulans** (Kunze ex Mett.) Bedd.

植株高 10 ~ 20 cm。根茎直立，密生披针形棕色鳞片。叶簇生；叶柄基部禾秆色，腹面有纵沟，被披针形及纤毛状的棕色鳞片；叶片线状披针形，先端渐尖，基部略变狭，一回羽状，下部羽片常分裂；羽片约 15 对，互生，斜卵形，先端急尖，基部宽的斜楔形，上侧有三角形耳状凸起，边缘有小齿。羽片具羽状脉，两面均不明显。叶革质，背面有纤毛状鳞片；叶轴腹面有纵沟，背面有边缘具纤毛的狭鳞片。孢子囊群位于主脉两侧；囊群盖圆形，盾状，边缘齿裂状。

海拔：1 370 ~ 2 200 m

鄂神农架植考队 32555 (PE)；张宪春等 11982 (PE)；X. C. Zhang 3378 (PE)

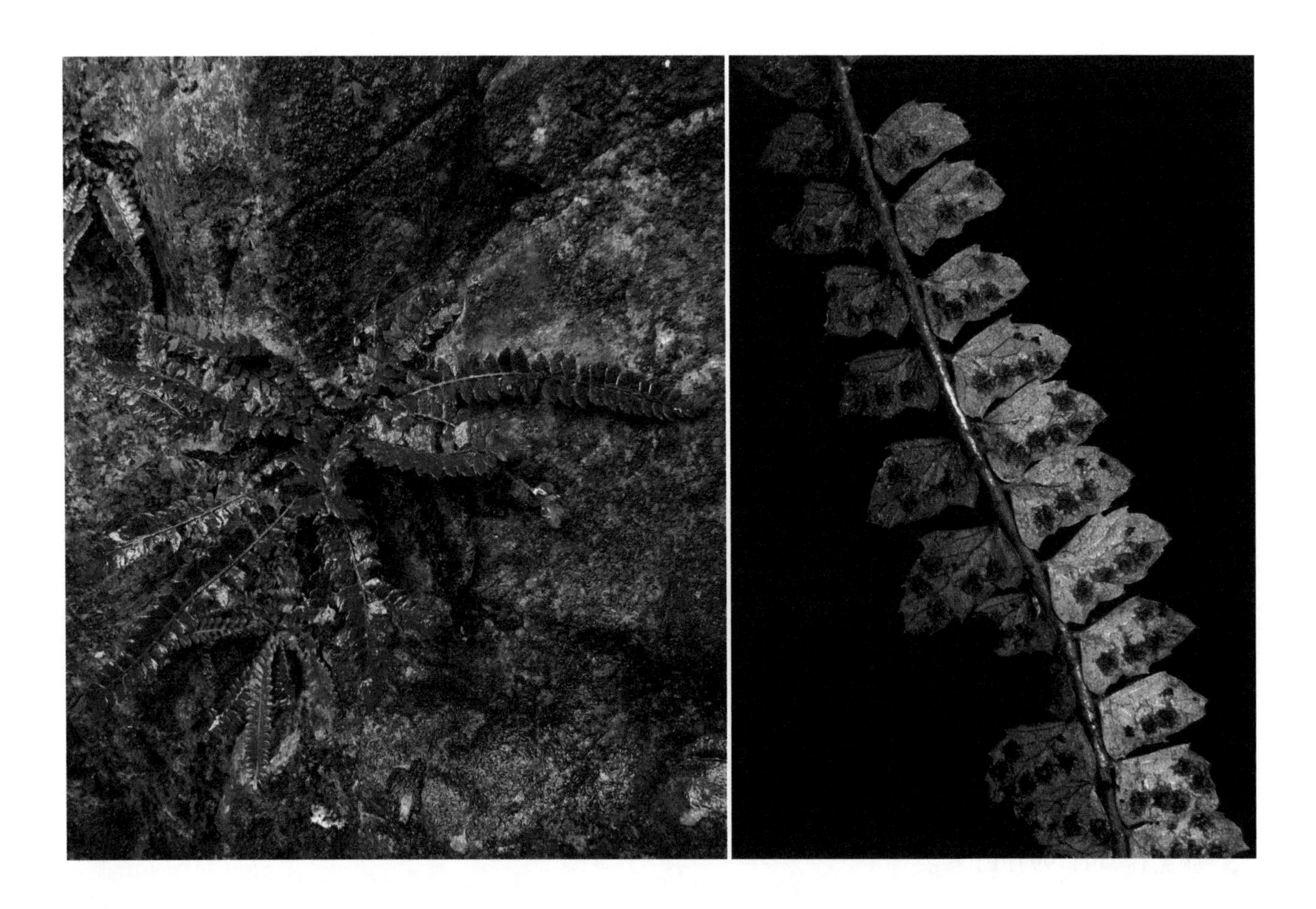

秦岭耳蕨 **Polystichum submite** (Christ) Diels

植株高 10 ~ 30 cm。根茎直立，密生披针形棕色鳞片。叶簇生；叶柄禾秆色，腹面有浅纵沟，被披针形及线形棕色鳞片；叶片披针形，先端长渐尖，向基部略变狭，二回羽状深裂；羽片 10 ~ 25 对，互生，卵形，中部的先端急尖，基部上侧有耳凸，羽状深裂；裂片 2 ~ 10 对，互生，菱状卵形，先端急尖，两侧有小尖齿。叶脉羽状，两面不明显。叶草质，背面有纤毛状的棕色小鳞片；叶轴两面密生线形棕色鳞片。孢子囊群位于裂片中脉两侧；囊群盖圆形，盾状，边缘有缺刻。

海拔：2 200 m

中美联合鄂西植物考察队 325 (PE)

尾叶耳蕨 **Polystichum thomsonii** (J. D. Hook.) Bedd.

植株高达 50 cm。根状茎短而直立，顶端被棕色边缘短流苏状鳞片。叶簇生；叶柄禾秆色，正面有沟槽，下部被与根状茎上相同的大鳞片；叶片披针形，顶部羽裂长渐尖，呈尾状，基部略缩狭，一回羽状；侧生羽片 10 ~ 25 对，互生，斜卵形，顶端急尖，基部不对称，上侧有耳状凸起。叶脉羽状，正面略可见，背面明显并疏被浅棕色细小鳞片。叶草质；叶轴禾秆色，背面疏被小鳞片；羽片两面疏被长节毛。孢子囊群中生；囊群盖圆盾形，膜质，边缘有浅圆齿。

海拔：2 200 ~ 3 000 m

X. C. Zhang 3304 (PE)，3306 (PE)，3392 (PE)，3432 (PE)

戟叶耳蕨 **Polystichum tripteron** (Kunze) C. Presl

植株高 30 ~ 65 cm。根状茎短而直立，先端连同叶柄基部被深棕色、有缘毛的披针形鳞片。叶簇生；叶柄基部以上禾秆色，连同叶轴和羽轴疏生披针形小鳞片；叶片戟状披针形，具 3 枚椭圆披针形的羽片；侧生 1 对羽片较短小，有短柄，羽状；中央羽片远较大，有长柄，一回羽状；小羽片互生，镰形，渐尖头，基部上侧具三角形耳状凸起，边缘有粗锯齿或浅羽裂。叶脉羽状，小脉单一。叶草质，沿叶脉被披针形小鳞片。孢子囊群圆形；囊群盖圆盾形，边缘略呈啮蚀状，早落。

海拔：1 400 ~ 1 850 m

张梦华等 11700 (PE)；张宪春等 12629 (PE)，12631 (PE)；鄂西神农架植考队 10202 (PE)；鄂神农架植考队 11126 (PE)，11409 (PE)，11758 (PE)；236–6 队 2744 (PE)

对马耳蕨 **Polystichum tsus-simense** (Hook.) J. Sm.

植株高 30 ~ 60 cm。根状茎直立，密被狭卵形深棕色鳞片。叶簇生；叶柄基部禾秆色，腹面有纵沟，下部密生披针形及线形黑棕色、边缘睫毛状的鳞片；叶片宽披针形，先端长渐尖，二回羽状；羽片约 25 对，互生，线状披针形，羽状；小羽片约 10 对，互生，斜矩圆形，基部上侧有三角形耳状凸起，边缘有小尖齿。叶脉羽状，侧脉二叉状。叶薄革质，背面疏生黄棕色鳞片；叶轴腹面有纵沟，背面密生鳞片。孢子囊群位于小羽片主脉两侧；囊群盖圆形，盾状，全缘。

海拔：500 ~ 1 838 m

张梦华等 11722 (PE)；张宪春等 12532 (PE)，12538 (PE)，12539 (PE)；鄂神农架植考队 30424 (PE)；中美联合鄂西植物考察队 406 (PE)，1062 (PE)，1653 (PE)；D. E. Boufford et al. 43792 (PE)；X. C. Zhang 3329 (PE)，3333 (PE)，3399 (PE)；神农架队 20283 (PE)，20452 (PE)，21872 (PE)；张代贵 zdg4050 (JIU)

剑叶耳蕨 **Polystichum xiphophyllum** (Baker) Diels

植株高 25 ~ 60 cm。根茎直立，密被狭卵形黑棕色鳞片。叶簇生；叶柄基部禾秆色，密生披针形黑棕色鳞片，鳞片基部边缘呈睫毛状；叶片宽披针形，先端渐尖，基部近截形，一回羽状；羽片互生，线状披针形，中部的先端渐尖，基部偏斜，边缘近全缘。叶脉羽状，侧脉二回二叉状，腹面不显，背面略明显。叶厚革质，背面疏生纤毛状黄棕色鳞片；叶轴背面密生线形黑棕色鳞片。孢子囊群位于主脉两侧；囊群盖圆形，近全缘，盾状。

海拔：450 ~ 1 568 m

张梦华等 11728 (PE)；张宪春等 11800 (PE)，11852 (PE)，11853 (PE)；向巧萍等 12501 (PE)；张代贵 zdg3142 (JIU)

24. 肾蕨科 Nephrolepidaceae

肾蕨属 **Nephrolepis** Schott

肾蕨 **Nephrolepis cordifolia** (L.) C. Presl

附生或土生。根状茎直立，被蓬松的淡棕色长钻形鳞片，下部有粗铁丝状不分枝、疏被鳞片的匍匐茎向四方横展；匍匐茎上生有近圆形的块茎，密被与根状茎上同样的鳞片。叶簇生；叶柄暗褐色，正面有纵沟，被淡棕色线形鳞片；叶片狭披针形，先端短尖，叶轴两侧被纤维状鳞片，一回羽状；羽片 45 ~ 120 对，互生，披针形，先端钝圆，基部心形，不对称，以关节着生于叶轴。叶脉明显，侧脉纤细，小脉几达叶边，顶端具纺锤形水囊。孢子囊群肾形；囊群盖同形，褐棕色，无毛。

海拔：350 m

张梦华等 11793 (PE)

25. 水龙骨科 Polypodiaceae

节肢蕨属 **Arthromeris** (T. Moore) J. Sm.

龙头节肢蕨 **Arthromeris lungtauensis** Ching

附生。根状茎长而横走，密被卵状披针形具睫毛的鳞片，鳞片脱落处露出白粉。叶远生；叶柄淡紫色，光滑无毛；叶片一回羽状，羽片 5 ~ 7 对，披针形或卵状披针形，顶端渐尖，基部圆形或浅心形，边缘全缘。侧脉明显，小脉网状，不明显。叶片纸质，两面被毛，通常羽片背面中脉和侧脉的毛较长而叶肉的毛较短，毛被较密而整齐。孢子囊群在羽片中脉两侧各多行，不规则分布。

海拔：1 170 m

张宪春等 12765 (PE)；张梦华等 11743 (PE)

槲蕨属 **Drynaria** (Bory) J. Sm.

槲蕨 **Drynaria roosii** Nakaike

附生在岩石或树干上。根状茎密被边缘有齿盾状着生的鳞片。叶二型；基生不育叶小，圆形，基部心形，浅裂，边缘全缘，黄绿色或枯棕色，下面有疏短毛。能育叶叶柄具明显的狭翅；叶片较大，深羽裂，裂片 7 ~ 13 对，互生，披针形，边缘有不明显的疏钝齿，顶端急尖或钝。叶脉两面均明显；叶干后纸质，仅正面中肋略有短毛。孢子囊群圆形，沿裂片中肋两侧各排列成 2 ~ 4 行并混生有大量腺毛。

海拔：300 ~ 350 m

张梦华等 11795 (PE)；张宪春等 12788 (PE)

棱脉蕨属 **Goniophlebium** (Blume) C. Presl

友水龙骨 **Goniophlebium amoenum** (Wall. ex Mett.) Bedd.

《神农架植物志》1: 171–172, f. 25–1. 2017，记载产于神农架各地，本次考察未见。

中华水龙骨 **Goniophlebium chinense** (Christ) X. C. Zhang

附生。根状茎长而横走，密被鳞片；鳞片乌黑色，卵状披针形，顶端渐尖，边缘有疏齿。叶远生或近生；叶柄禾秆色，光滑无毛；叶片卵状披针形或阔披针形，羽状深裂，基部心形，顶端羽裂渐尖；裂片 15 ~ 25 对，线状披针形，顶端渐尖，边缘有锯齿，基部 1 对略缩短并略反折。叶脉网状，裂片中脉明显，禾秆色，侧脉和小脉纤细，不明显。叶草质，背面疏被小鳞片。孢子囊群圆形，无盖，着生于内藏小脉顶端，较靠近裂片中脉着生。

海拔：380 ~ 2 310 m

向巧萍等 12356 (PE)，12485 (PE)；张梦华等 11676 (PE)；张宪春等 11950 (PE)，11935 (PE)，12643 (PE)；鄂神队 23393 (PE)；鄂神农架林区植考队 10817 (PE)；神农架植物考察队 11925 (PE)；X. C. Zhang 3387 (PE)；中美联合鄂西植物考察队 332 (PE)，356 (PE)；鄂神农架植考队 10141 (PE)，10331 (PE)，10560 (PE)，11013 (PE)，20144 (PE)，30517 (PE)，31129 (PE)；张代贵 zdg7008 (JIU)

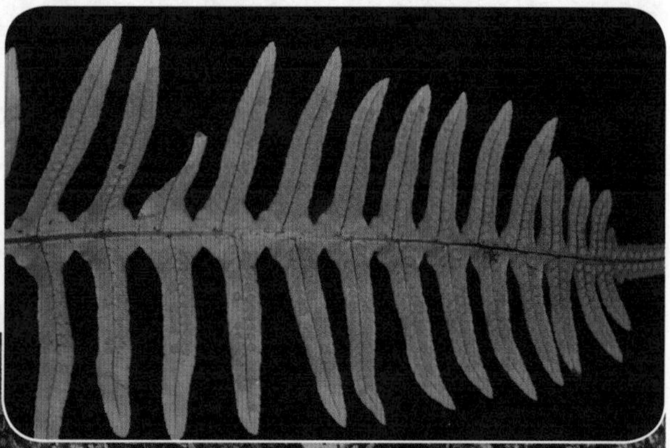

日本水龙骨 **Goniophlebium niponicum** (Mett.) Bedd.

附生。根状茎长而横走，肉质，灰绿色，疏被鳞片；鳞片狭披针形，暗棕色，基部较阔，盾状着生，顶端渐尖，边缘有浅细齿。叶远生；叶柄禾秆色，疏被柔毛或毛脱落后近光滑；叶片卵状披针形至长椭圆状披针形，羽状深裂，基部心形，顶端羽裂渐尖；裂片约20对，顶端钝圆，边缘全缘，基部1 ~ 3对裂片向后反折。叶脉网状，侧脉和小脉不明显。叶草质，两面密被白色短柔毛。孢子囊群圆形，在裂片中脉两侧各1行，着生于内藏小脉顶端，靠近裂片中脉着生。

海拔：705 m

张宪春等 11895 (PE)

伏石蕨属 **Lemmaphyllum** C. Presl

抱石莲 **Lemmaphyllum drymoglossoides** (Baker) Ching

Lemmaphyllum rostratum auct. non (Beddome) Tagawa: Fl. Shennongjia 1: 182, f. 25–22. 2017.

Lemmaphyllum diversum auct. non (Rosenst.) Tagawa: Fl. Shennongjia 1: 182, f. 25–23. 2017.

根状茎细长横走，被钻状有齿的棕色披针形鳞片。叶远生，二型；不育叶长圆形至卵形，圆头或钝圆头，基部楔形，几无柄，全缘；能育叶舌状或倒披针形，基部狭缩，几无柄或具短柄，有时与不育叶同形，肉质，干后革质，正面光滑，背面疏被鳞片。孢子囊群圆形，沿主脉两侧各成一行，位于主脉与叶边之间。

海拔：600 ~ 1 250 m

张梦华等 11787 (PE)，11788 (PE)；张宪春等 11921 (PE)，12026 (PE)，12601 (PE)，12803 (PE)

瓦韦属 **Lepisorus** (J. Sm.) Ching

天山瓦韦 **Lepisorus albertii** (Regel) Ching

植株高 8 ~ 15 cm。根状茎横走，粗壮，密被披针形、芒状尖头、边缘有粗长刺的鳞片。叶远生或近生；叶柄禾秆色，光滑无毛；叶片线状披针形，纸质或薄革质，向两端渐狭，钝尖头，基部楔形，略不对称，下延，边缘平直，两面均光滑。主脉下面隆起，正面微凸起或平直，小脉通常不显。孢子囊群椭圆形，着生于主脉与叶边之间，幼时被隔丝覆盖；隔丝鳞片状，有不规则的透明大网眼，边缘有粗长刺，褐色。

海拔：2 440 ~ 2 610 m

张宪春等 11960 (PE)，12686 (PE)，12692 (PE)；向巧萍等 12390 (PE)，12402 (PE)，12469 (PE)，12472 (PE)；刘全儒 SNJ023 (BNU)

黄瓦韦 **Lepisorus asterolepis** (Baker) Ching

植株高约 25 cm。根状茎长而横走，褐色，密被披针形鳞片；鳞片基部卵状，网眼细密，透明，棕色。叶远生或近生；叶柄禾秆色；叶片阔披针形，短圆钝头，下部 1/3 处为最宽，向基部突然狭缩成楔形并下延，干后两面通常呈淡黄色，光滑，或背面偶有稀疏贴生鳞片。主脉上下均隆起，小脉隐约可见。孢子囊群圆形或椭圆形，生于叶片上半部，位于主脉与叶边之间，相距较近，孢子囊群成熟后彼此接触，幼时被圆形棕色透明的隔丝覆盖。

未采标本。

鳞果星蕨 **Lepisorus buergerianus** (Miq.) C. F. Zhao, R. Wei & X. C. Zhang

植株高 20 cm 左右。根状茎细长攀缘，幼时密被深棕色披针形鳞片，老时易落。叶疏生，近二型；叶柄粗壮，绿色，基部近关节处有鳞片；能育叶披针形或三角状披针形，向下渐变宽，两侧通常扩大成戟形，基部圆截形，略下延形成狭翅，全缘；不育叶远较短，卵状三角形。叶干后纸质，褐绿色，沿主脉下面两侧略有小鳞片，全缘。主脉两面隆起，侧脉可见，小脉不显。孢子囊群圆形，星散分布于主脉两侧，幼时被盾状隔丝覆盖。

海拔：1 290 m

张宪春等 12718 (PE)；张代贵 YH110715905 (JIU)，YH150812885 (JIU)

扭瓦韦 **Lepisorus contortus** (Christ) Ching

植株高 10 ~ 25 cm。根状茎长而横走，密生鳞片；鳞片卵状披针形，中间有不透明深褐色的狭带，有光泽，边缘具锯齿。叶近生；叶柄禾秆色，少为褐色；叶片线状披针形，近软革质，中部最宽，先端短尾状渐尖头，基部渐变狭并下延，自然干后常反卷扭曲。主脉两面均隆起，小脉不显。孢子囊群圆形或卵圆形，聚生于叶片中上部，位于主脉与叶缘之间，幼时被中部褐色圆形隔丝所覆盖。

海拔：1 500 ~ 2 700 m

张梦华等 11772 (PE)；向巧萍等 12398 (PE)，12409 (PE)；张宪春等 12640 (PE)，12684 (PE)；中美联合鄂西植物考察队 134 (PE)，358 (PE)

高山瓦韦 **Lepisorus eilophyllus** (Diels) Ching

植株高 15 ~ 35 cm。根状茎横走，粗壮，密被披针形鳞片；鳞片大部分网眼褐色不透明，边缘呈齿蚀状，基部阔卵形，先端短渐尖头。叶远生或近生；叶柄禾秆色，疏被鳞片；叶片阔卵状披针形，草质或薄纸质，下部 1/3 处最宽，向上短渐尖头，基部狭缩并下延，边缘平直。主脉两面均隆起，小脉略可见，沿主脉和叶片背面有稀疏的鳞片贴生。孢子囊群圆形，位于主脉和叶边之间，略靠近主脉，幼时被隔丝覆盖；隔丝圆形，中部具大而透明的网眼，全缘，棕色。

海拔：1 950 ~ 2 100 m

鄂神农架植考队 31663 (PE)；神农架队 21978 (PE)

江南盾蕨（江南星蕨）**Lepisorus fortuni** (T. Moore) C. M. Kuo

植株高 30 ~ 70 cm。根状茎长而横走，顶部被棕褐色卵状三角形筛孔较密的鳞片。叶远生；叶柄禾秆色，正面有浅沟，基部疏被鳞片，向上近光滑；叶片线状披针形至披针形，顶端长渐尖，基部渐狭，下延于叶柄并形成狭翅，全缘，有软骨质的边。中脉两面明显隆起，侧脉不明显，小脉网状，略可见，内藏小脉分叉。叶厚纸质，下面灰绿色，两面无毛，幼时背面沿中脉两侧偶有极少数鳞片。孢子囊群圆形，沿中脉两侧排列，整齐或不整齐，靠近中脉。

海拔：710 ~ 1 440 m

张梦华等 11760 (PE)，11749 (PE)；张宪春等 12512 (PE)；中美联合鄂西植物考察队 426 (PE)，556 (PE)，1430 (PE)；鄂神农架植考队 30413 (PE)；张代贵 zdg2362 (JIU)，zdg4647 (JIU)，zdg6199 (JIU)，xm372 (JIU)

有边瓦韦 **Lepisorus marginatus** Ching

植株高 15 ~ 25 cm。根状茎横走，褐色，密被棕色软毛和近卵形、网眼细密、透明的棕褐色鳞片。叶近生或远生；叶柄禾秆色，光滑；叶片披针形，中部最宽，向上渐尖头，基部渐变狭并下延，叶有软骨质的狭边，干后呈波状，多少反折，叶片正面光滑，背面多少有卵形棕色小鳞片贴生。主脉两面均隆起，小脉不显。孢子囊群圆形，着生于主脉与叶边之间，彼此远离，在叶片背面高高隆起，在正面呈穴状凹陷，幼时被棕色圆形的隔丝覆盖。

海拔：850 ~ 2 160 m

向巧萍等 12476 (PE)，12446 (PE)；张梦华等 11691 (PE)；张宪春等 11971 (PE)，11977 (PE)，12554 (PE)，12575 (PE)，12653 (PE)，12702 (PE)；鄂神农架植考队 10028 (PE)，10163 (PE)，10909 (PE)，11825 (PE)，30115 (PE)，30856 (PE)，31074 (PE)，31206 (PE)；湖北神农架植物考察队 32641 (PE)；神农架队 20905 (PE)；鄂神队 23209 (PE)；鄂神农架队 22815 (PE)；中美联合鄂西植物考察队 15 (PE)，61 (PE)，515 (PE)；X. C. Zhang 3351 (PE)，3360 (PE)；D. E. Boufford et al. 43771 (PE)

丝带蕨 **Lepisorus miyoshianus** (Makino) Fraser-Jenkins & Subh. Chandra

附生。根状茎短而横卧，被披针形有齿的黑色鳞片。叶近生；叶柄基部与根状茎之间有关节；叶片长线形，似书带蕨状，坚挺，革质，光滑无毛。叶脉不显，在主脉两侧联结成 1 ~ 2 行网眼，有少数内藏小脉。孢子囊群线形，连续，位于主脉两侧的一条纵沟内，靠近主脉，幼时被盾状隔丝覆盖。孢子椭圆状，透明，光滑。

未采标本。

白边瓦韦 Lepisorus morrisonensis (Hayata) H. Itô

植株高 10 ~ 30 cm。根状茎粗壮，横走，密被鳞片；鳞片阔卵状披针形，中部网眼褐色、不透明，边缘淡棕色、透明，短渐尖头，边缘呈齿蚀状。叶近生；叶柄禾秆色，疏被鳞片；叶片狭披针形，草质至厚纸质，中部最宽，先端渐尖头，基部渐变狭并下延，边缘平直。中脉两面均隆起，背面疏被鳞片，小脉可见。孢子囊群圆形，位于主脉与叶边之间，略靠近中脉，幼时被隔丝覆盖；隔丝圆形，大网眼，透明，棕色。

海拔：2 090 m

张宪春等 11951 (PE)

卵叶盾蕨 Lepisorus ovatus f. ovatus (Wall. ex Bedd.) C. F. Zhao, R. Wei & X. C. Zhang

植株高 20 ~ 40 cm。根状茎长而横走，密生卵状披针形长渐尖头边缘有疏锯齿的鳞片。叶远生；叶柄灰褐色，被鳞片；叶片卵状，基部圆形，先端渐尖，全缘或下部多少分裂，干后厚纸质，正面光滑，背面多少有小鳞片。主脉隆起，侧脉明显，开展直达叶边，小脉网状，有分叉的内藏小脉。孢子囊群圆形，沿主脉两侧排成不整齐的多行，或在侧脉间排成不整齐的一行，幼时被盾状隔丝覆盖。

海拔：670 ~ 1 060 m

张宪春等 12032 (PE)；王永宗 059 (JJF)；张代贵 YH110715917 (JIU)；谭策铭 971714 (JJF，SZG)

三角叶盾蕨 **Lepisorus ovatus** f. **deltoideus** (Baker) Q. K. Ding & X. C. Zhang, **comb. nov.**

Polypodium deltoideum Baker in J. Bot. 26: 230. 1888.

本变型叶片三角形，不规则浅裂或羽状深裂，裂片一至多对，披针形，彼此有阔的间隔分开，基部以阔翅相连。

海拔：520 ~ 1 000 m

张宪春等 11806 (PE)；B. Bartholomew et al. 247 (PE), 1431 (PE)

梨叶骨牌蕨 **Lepisorus pyriformis** (Ching) C. F. Zhao, R. Wei & X. C. Zhang

植株高约 5 cm。根状茎细长横走，被棕色钻状有齿披针形鳞片。叶远生，相距 5 ~ 10 cm，二型；不育叶梨形至长卵形，几无柄，短渐尖头，基部近圆形或圆楔形，下延，全缘或略呈波状；能育叶较长而狭，近披针形，肉质，干后革质，正面光滑，背面疏生鳞片。主脉明显，小脉不显。孢子囊群圆形，沿主脉两侧各成一行，稍靠近主脉。

海拔：1 230 ~ 1 620 m

向巧萍等 12359 (PE)；张梦华等 11702 (PE)；张宪春等 12000 (PE)，12735 (PE)

瓦韦 **Lepisorus thunbergianus** (Kaulf.) Ching

植株高 8 ~ 20 cm。根状茎横走，密被披针形鳞片；鳞片褐棕色，大部分不透明，仅叶边 1 ~ 2 行网眼透明，具锯齿。叶柄禾秆色；叶片线状披针形或狭披针形，中部最宽，先端渐尖头，基部渐变狭并下延，干后黄绿色至淡黄绿色，或淡绿色至褐色，纸质。主脉两面均隆起，小脉不显。孢子囊群圆形或椭圆形，彼此相距较近，成熟后扩展几密接，幼时被褐棕色圆形的隔丝覆盖。

海拔：950 ~ 2 300 m

张梦华等 11703 (PE)，11711 (PE)；张宪春等 11936 (PE)，11954 (PE)，12763 (PE)；236-6 队 2743 (PE)；鄂神农架队 31292 (PE)；神农架队 21533 (PE)，22759 (PE)；鄂神农架林区植考队 10815 (PE)；鄂神农架植考队 10344 (PE)，10416 (PE)，10912 (PE)，11132 (PE)，31780 (PE)

薄唇蕨属 **Leptochilus** Kaulf.

曲边线蕨 **Leptochilus flexilobus** (Christ) X. C. Zhang

植株高 20 ~ 60 cm。根状茎长而横走，密生褐棕色卵状披针形鳞片。叶远生，近二型；叶柄禾秆色，基部密生鳞片，向上光滑；叶片长圆状卵形或卵状披针形，顶端圆钝，一回羽裂深达叶轴；羽片或裂片约 6 对，狭长披针形或线形，顶端长渐尖，边缘有较明显的波状褶皱，基部狭楔形而下延，在叶轴两侧形成较宽的翅。中脉明显，侧脉及小脉均不明显；叶纸质，两面无毛。孢子囊群线形，斜展，在每对侧脉间各排列成一行，伸达叶边；无囊群盖。

海拔：520 ~ 2 170 m

张宪春等 11808 (PE)；张代贵 zdg4176 (JIU)

矩圆线蕨 **Leptochilus henryi** (Baker) X. C. Zhang

植株高达 70 cm。根状茎横走，密生褐色卵状披针形边缘有疏锯齿的鳞片。叶远生，一型；薄草质，光滑无毛；叶柄禾秆色；叶片椭圆形或卵状披针形，顶端渐尖或钝圆，向基部急变狭，下延成狭翅，全缘或略呈微波状。侧脉斜展，略可见，小脉网状，在每对侧脉间有 2 行网眼，内藏小脉单一或分叉。孢子囊群线形，着生于网脉上，在每对侧脉间排列成一行，从中脉斜出，多数伸达叶边，无囊群盖。孢子极面观为椭圆形，赤道面观为肾形。

海拔：350 ~ 670 m

张宪春等 11792 (PE)，11823 (PE)，12037 (PE)

剑蕨属 **Loxogramme** (Blume) C. Presl

褐柄剑蕨 **Loxogramme duclouxii** Christ

Loxogramme grammitoides auct. non (Baker) C. Chr.: Fl. Shennongjia 1: 195, quoad f. 25–52. 2017.

植株高 25 ~ 35 cm。根状茎长而横走，黑色，被褐棕色卵状披针形鳞片；叶柄有明显的关节，紫黑色，基部以上光滑；叶片线状倒披针形，向两端渐狭缩，先端短尾尖或渐尖，基部下延于叶柄。中肋正面隆起，背面扁平，侧脉不明显，叶稍肉质，干后革质，表面皱缩。叶片上部能育，下部不育。孢子囊群线形，通常 10 对以上，密接，多少下陷叶肉中，无隔丝，或有少数长不过孢子囊的隔丝。孢子肾形，单裂缝。

海拔：1 240 ~ 1 490 m

向巧萍等 12362 (PE)；张宪春等 11998 (PE)，12559 (PE)，12703 (PE)，12758 (PE)；X. C. Zhang 3324 (PE)

台湾剑蕨 **Loxogramme formosana** Nakai

植株高 20 ~ 40 cm。根状茎短而直立，密被淡棕色阔卵形渐尖头全缘的鳞片。叶簇生；叶柄短而粗，基部亮褐色；叶片倒披针形，上部 2/3 处较宽，向下渐狭长下延；叶纸质，绿色，光滑无毛，中肋两面明显，略凸起。孢子囊群只分布于叶上半部，从靠近中肋不远处伸展到距叶边 1/3 处，无隔丝。孢子肾形，单裂缝。

海拔：670 ~ 2 572 m

张宪春等 12036 (PE)；张代贵 zdg4364 (JIU)

匙叶剑蕨 **Loxogramme grammitoides** (Baker) C. Chr.

Loxogramme duclouxii auct. non Chirst: Fl. Shennongjia 1: 195, quoad f. 25–50. 2017.

植株高不及 10 cm。根状茎长而横走，密被鳞片；鳞片褐棕色，披针形，边缘略有微齿。叶远生或近生；叶柄短，淡绿色，基部被鳞片；叶片匙形或倒披针形，中部以上最宽，顶端急短尖，基部渐缩狭并下延至叶柄基部，全缘。中肋明显，两面稍隆起，小脉网状，不明显，网眼狭长，斜向上，无内藏小脉；叶纸质，两面近光滑。孢子囊群长圆形，斜向上，多少下陷于叶肉中，沿中肋两侧各排成 1 行，通常仅分布于叶片上部，无隔丝。孢子圆球形，三裂缝。

海拔：1 300 ~ 1 340 m

张梦华等 11718 (PE)；张宪春等 12704 (PE)

柳叶剑蕨 **Loxogramme salicifolia** (Makino) Makino

植株高 15 ~ 35 cm。根状茎横走，被棕褐色卵状披针形鳞片。叶远生；叶柄长 2 ~ 5 cm，与叶片同色，基部有卵状披针形鳞片，向上光滑；叶片披针形，顶端长渐尖，基部渐缩狭并下延至叶柄基部，全缘，干后稍反折；中肋正面明显，平坦，背面隆起，不达顶端，小脉网状，网眼斜向上，无内藏小脉；叶稍肉质，干后革质，表面皱缩。孢子囊群线形，通常在 10 对以上，稍密接，多少下陷于叶肉中，分布于叶片中部以上，无隔丝。孢子肾形，单裂缝。

海拔：1 390 ~ 1 400 m

张梦华等 11714 (PE)；236–6 队 2148 (PE)

睫毛蕨属 Pleurosoriopsis Fomin

睫毛蕨 Pleurosoriopsis makinoi (Maxim. ex Makino) Fomin

植株高 3 ~ 10 cm。根状茎细长横走，密被红棕色线状毛，近顶部被深棕色线形小鳞片。叶远生；叶柄禾秆色，连同叶轴及羽轴被棕色的短节状毛；叶片披针形，先端钝，基部阔楔形，二回羽状深裂；羽片深羽裂，互生，有短柄，卵圆形，基部 1 对略缩短，中部羽片较大。叶脉分离，每裂片有 1 条小脉，顶端膨大成纺锤形，不达叶边。叶薄草质，两面均密被棕色节状毛，边缘密被睫毛。孢子囊群短线形，无盖，沿叶脉着生，不达叶脉先端。

海拔：1 300 m

中美联合鄂西植物考察队 1296 (PE)；张代贵 130728022 (JIU)

石韦属 **Pyrrosia** Mirbel

石蕨 **Pyrrosia angustissima** (Giesenh. ex Diels) Tagawa & K. Iwats.

附生小型蕨类，高 10 ~ 12 cm。根状茎细长横走，密被卵状披针形长渐尖头边缘具细齿的红棕色鳞片。叶远生，几无柄，基部以关节着生；叶片线形，钝尖头，基部渐狭缩，干后革质，边缘向下强烈反卷，幼时正面疏生星状毛，以后脱落，背面密被黄色星状毛，宿存。主脉明显，正面凹陷，背面隆起，小脉网状，近叶边的细脉分离，先端有一膨大的水囊。孢子囊群线形，沿主脉两侧各成一行，幼时全被反卷的叶边覆盖，成熟时张开，孢子囊外露。

海拔：940 ~ 1 900 m

张梦华等 11713 (PE)；张宪春等 11997 (PE)，12523 (PE)；X. C. Zhang 3362 (PE)；中美联合鄂西植物考察队 428 (NAS)，697 (NAS)，852 (NAS)

相近石韦（相似石韦，相异石韦）**Pyrrosia assimilis** (Baker) Ching

植株高 5 ~ 15 cm。根状茎长而横走，密被线状披针形鳞片；鳞片边缘睫毛状，中部近黑褐色。叶近生，无柄，一型；叶片线形，长度变化很大，上半部通常较宽，钝圆头，向下直到与根状茎连接处几不变狭而呈带状；叶干后淡棕色，纸质，正面疏被星状毛，背面密被绒毛状长臂星状毛。主脉粗壮，在背面明显隆起，在正面稍凹陷，侧脉与小脉均不显。孢子囊群聚生于叶片上半部，无盖，幼时被星状毛覆盖，成熟时会合而布满叶片背面。

海拔：1 150 m

中美联合鄂西植物考察队 805 (PE)

光石韦 **Pyrrosia calvata** (Baker) Ching

Pyrrosia pseudocalvata Ching, Boufford & K. H. Shing in J. Arn. Arb. 64(1): 38. 1983. Type: 1980 Sino-Am. Bot. Exp. 1100 (PE)

植株高 25 ~ 70 cm。根状茎横走，被狭披针形、边缘具睫毛棕色近膜质的鳞片。叶近生，一型；叶柄禾秆色，基部密被鳞片和长臂状的深棕色星状毛，向上疏被星状毛；叶片狭长披针形，先端渐尖，基部渐狭，下延于叶柄上部，全缘，正面棕色，光滑，有黑色斑点，背面淡棕色，幼时被两层星状毛，老时大多脱落。主脉粗壮，背面隆起，正面略下陷，侧脉通常可见，小脉时隐时现。孢子囊群近圆形，聚生于叶片上半部，成熟时略会合，无盖，幼时略被星状毛覆盖。

海拔：690 ~ 1 465 m

张宪春等 12520 (PE)，12634 (PE)，12804 (PE)；中美联合鄂西植物考察队 1429 (PE)，1663 (PE)；张代贵 zdg4745 (JIU)

华北石韦 **Pyrrosia davidii** (Giesenh. ex Diels) Ching

Pyrrosia bonii auct. non (Christ ex Gies.) Ching: Fl. Shennongjia 1: 186, f. 25–31. 2017.

植株高 5 ~ 10 cm。根状茎横走，密被披针形鳞片；鳞片长尾状渐尖头，幼时棕色，老时中部黑色，边缘具齿牙。叶近生，一型；叶柄基部被鳞片，向上被星状毛，禾秆色；叶片狭披针形，中部最宽，向两端渐狭，短渐尖头，顶端圆钝，基部楔形，两边狭翅沿叶柄长下延，全缘。叶干后软纸质，正面淡灰绿色；背面棕色，密被星状毛，叶脉不明显。孢子囊群布满叶片下表面，幼时被星状毛覆盖，棕色，成熟时孢子囊开裂而呈砖红色。

海拔：800 ~ 1 490 m

向巧萍等 12354 (PE)；张梦华等 11736 (PE)；张宪春等 11924 (PE)，12001 (PE)，12549 (PE)，12747 (PE)，12807 (PE)；鄂神农架队 20499 (PE)；鄂神农架植考队 10048 (PE)，10137 (PE)；神农架队 21584 (PE)，20060 (PE)；中美联合鄂西植物考察队 1714 (PE)；X. C. Zhang 3384 (PE)；D. E. Boufford et al. 43815 (PE)，43816 (PE)，43846 (PE)

毡毛石韦 **Pyrrosia drakeana** (Franch.) Ching

植株高 20 ~ 35 cm。根状茎短粗，横卧，密被披针形棕色鳞片；鳞片具长尾状渐尖头，密被睫状毛，顶端的睫状毛丛生，分叉和卷曲，膜质，全缘。叶近生，一型；叶柄粗壮，基部密被鳞片，向上密被星状毛，禾秆色或棕色；叶片阔披针形，短渐尖头，基部最宽，近圆楔形，不对称，稍下延，全缘。叶正面光滑无毛，密布洼点；背面灰绿色，被两种星状毛。主脉背面隆起，正面平坦，侧脉可见，小脉不显。孢子囊群近圆形，成熟时孢子囊开裂，呈砖红色，不会合。

海拔：1 220 ~ 1 900 m

向巧萍等 12455 (PE)，12473 (PE)，12474 (PE)，12363 (PE)；张梦华等 11693 (PE)，11729 (PE)；张宪春等 12524 (PE)，12563 (PE)，12714 (PE)，11972 (PE)；神农架队 22296 (PE)；鄂神农架队 22817 (PE)；鄂神农架植考队 10134 (PE)，11413 (PE)，11824 (PE)，30889 (PE)，31285 (PE)；中美联合鄂西植物考察队 18 (PE，NAS)，519 (PE)

石韦 **Pyrrosia lingua** (Thunb.) Farw.

Pyrrosia caudifrons Ching, Boufford & K. H. Shing in J. Arn. Arb. 64(1): 37. 1983. Type: 1980 Sino-Am. Bot. Exp. 1159 (PE)

Pyrrosia heteractis auct. non (Mett. ex Kuhn) Ching: Fl. Shennongjia 1: 188, f. 25–38. 2017.

植株高 10 ~ 30 cm。根状茎长而横走，密被披针形边缘有睫毛的淡棕色鳞片。叶远生，近二型；能育叶通常远比不育叶高而较狭窄，两者叶片略比叶柄长；不育叶片长圆形，下部 1/3 处为最宽，向上渐狭，短渐尖头，基部楔形，全缘。叶干后革质，正面灰绿色，近光滑无毛；背面淡棕色，被星状毛。主脉背面稍隆起，正面稍下凹，侧脉在背面可见，小脉不显。孢子囊群近椭圆形，通常布满整个叶片背面，初时被星状毛覆盖而呈淡棕色，成熟后孢子囊开裂外露而呈砖红色。

海拔：1 110 ~ 1 620 m

张宪春等 12527 (PE)，12635 (PE)，12751 (PE)；张梦华等 11704 (PE)；张代贵 zdg7255 (JIU)；中美联合鄂西植物考察队 1159 (PE)

有柄石韦 Pyrrosia petiolosa (Christ) Ching

植株高 5 ~ 15 cm。根状茎细长横走，幼时密被披针形棕色鳞片；鳞片长尾状渐尖头，边缘具睫毛。叶远生，近二型；叶柄长，通常为叶片长度的 0.5 ~ 2 倍，基部被鳞片，向上被星状毛，棕色或灰棕色；叶片椭圆形，钝头，基部楔形，下延，干后厚革质，全缘。叶正面灰棕色，有洼点，疏被星状毛；背面密被星状毛，初为淡棕色，后为砖红色。主脉背面稍隆起，正面凹陷，侧脉和小脉均不显。孢子囊群布满叶片背面，成熟时会合。

海拔：500 ~ 1 400 m

张梦华等 11779 (PE)；张宪春等 11918 (PE)，12533 (PE)，12773 (PE)，12802 (PE)；236–6 队 2296 (PE)；

鄂神队 23206 (PE)；D. E. Boufford et al. 43845 (PE)；鄂神农架队 21655 (PE)；神农架队 20099 (PE)，20215 (PE)；中美联合鄂西植物考察队 438 (PE)；周，董 76100 (PE)

庐山石韦 **Pyrrosia sheareri** (Baker) Ching

植株高 20 ~ 50 cm。根状茎粗壮，横卧，密被线状边缘具睫毛的棕色鳞片。叶近生，一型；叶柄禾秆色，基部密被鳞片，向上疏被星状毛；叶片椭圆状披针形，近基部处最宽，向上渐狭，顶端钝圆，基部近圆截形或心形，全缘；叶干后软厚革质，正面淡灰绿色或淡棕色，几光滑无毛，布满洼点，背面棕色，被厚层星状毛。主脉粗壮，两面均隆起，侧脉可见，小脉不显。孢子囊群呈不规则点状排列于侧脉间，无盖，幼时被星状毛覆盖，成熟时孢子囊开裂而呈砖红色。

海拔：1 758 m

张代贵 zdg2351 (JIU)，zdg7483 (JIU)

神农石韦 **Pyrrosia shennongensis** K. H. Shing

植株高达 50 cm。根状茎粗壮，近横卧，密被狭披针形边缘具睫毛的棕色鳞片。叶近生，一型；叶柄基部密被鳞片，向上疏被星状毛，禾秆色；叶片椭圆状披针形，中部最宽，向两端渐狭，短渐尖头，基部楔形，略下延，全缘。叶干后厚革质，正面淡灰黄色，光滑无毛；背面灰黄色，疏被钻形臂的单层星状毛。主脉粗壮，背面明显隆起，正面平坦，侧脉明显，小脉不显。孢子囊群着生于叶片上半部。

海拔：1 000 m

鄂神农架队 20447 (PE)；本次考察未见。

修蕨属 **Selliguea** Bory

交连假瘤蕨 **Selliguea conjuncta** (Ching) S. G. Lu, Hovenk. & M. G. Gilbert

附生。根状茎长而横走，密被鳞片；鳞片披针形，通常盾状着生处黑色，其余部分棕色，顶端渐尖，边缘具睫毛。叶远生；叶柄禾秆色，光滑无毛；叶片羽状深裂，基部心形；裂片 2 ~ 4 对，基部 1 对反折，卵状披针形，顶端短渐尖或钝圆，基部略收缩或不收缩，边缘具突尖的锯齿。侧脉明显，小脉不明显。叶革质，两面光滑无毛。孢子囊群圆形，在裂片中脉两侧各一行，靠近中脉着生。

海拔：2 090 m

张宪春等 11949 (PE)

金鸡脚假瘤蕨 **Selliguea hastata** (Thunb.) Fraser-Jenk.

土生。根状茎长而横走，密被鳞片；鳞片披针形，棕色，顶端长渐尖，边缘偶有疏齿。叶远生；叶柄禾秆色，光滑无毛；叶片为单叶，形态变化极大，单叶不分裂或戟状二至三分裂；不分裂的叶卵圆形至长条形，顶端短渐尖或钝圆；分裂的叶戟状二至三分裂，通常中间裂片较长和较宽；叶片边缘具缺刻和加厚的软骨质边，通直或呈波状。中脉和侧脉两面明显，侧脉不达叶边，小脉不明显。叶纸质，背面灰白色，两面光滑。孢子囊群圆形，孢子表面具刺状凸起。

张代贵 zdg4394+1 (JIU)，lj0125065 (JIU)，lj0125066 (JIU)

宽底假瘤蕨 **Selliguea majoensis** (C. Chr.) Fraser-Jenk.

附生。根状茎长而横走，粗 3 ~ 4 mm，密被鳞片；鳞片披针形，棕色，长 4 ~ 5 mm，顶端渐尖，边缘全缘。叶远生；叶柄长 10 ~ 15 cm，禾秆色，光滑无毛；叶片披针形，长 15 ~ 25 cm，近基部最宽，宽 3 ~ 6 cm，顶端短渐尖，基部圆截形，边缘全缘，有加厚的软骨质边。侧脉明显，小脉隐约可见。叶近革质，正面灰绿色，背面灰白色，两面光滑无毛。孢子囊群圆形，在叶片中脉两侧各一行，靠近中脉着生。

海拔：1 620 m

张宪春等 12618 (PE)；张梦华等 11683 (PE)

喙叶假瘤蕨 **Selliguea rhynchophylla** (Hook.) Fraser-Jenk.

Selliguea obtusa auct. non (Ching) S. G. Lu: Fl. Shennongjia 1: 191, f. 25–43. 2017.

附生。根状茎长而横走，密被鳞片；鳞片披针形，棕色，顶端渐尖，边缘有疏齿。叶远生，二型；不育叶的叶柄较短，叶片卵圆形；能育叶叶片长条形；叶片顶端圆钝，基部楔形，边缘具软骨质边和缺刻。侧脉两面明显，顶端二叉，不达叶边；小脉网状，具单一的内藏小脉。叶草质，两面光滑，正面绿色，背面通常淡红色。孢子囊群圆形，着生于能育叶的中上部，在叶片中脉两侧各一行，略靠近叶片边缘着生；孢子表面具刺状凸起。

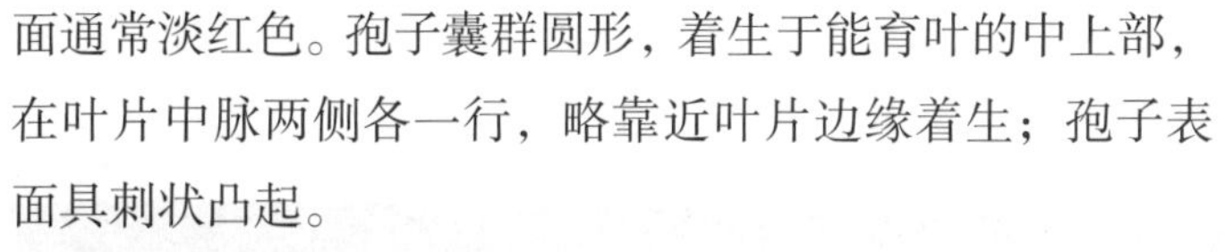

海拔：1 370 m

张宪春等 11975 (PE)

陕西假瘤蕨 **Selliguea senanensis** (Maxim.) S. G. Lu

附生或土生。根状茎长而横走，密被鳞片；鳞片卵状披针形，棕色或基部黑色，顶端渐尖，边缘具稀疏的睫毛。叶远生；叶柄禾秆色，纤细，光滑无毛；叶片羽状深裂，基部截形或心形；裂片 2 ~ 5 对，顶端钝圆或短渐尖，基部通常略收缩，边缘有浅齿。中脉和侧脉两面明显，小脉隐约可见。叶草质，灰绿色，两面光滑无毛。孢子囊群圆形，在裂片中脉两侧各 1 行，略靠近中脉着生。

海拔：2 640 m

向巧萍等 12373 (PE)，12391 (PE)

新组合

三角叶盾蕨 **Lepisorus ovatus** f. **deltoideus** (Baker) Q. K. Ding & X. C. Zhang, **comb. nov.**

新记录

本次专项调查在神农架采集到 42 种（含种下分类群）在《神农架植物志》中没有记载的物种。

湖北省新记录：

欧亚铁角蕨 **Asplenium viride** Hudson

神农架新记录种：

1. 九龙卷柏 **Selaginella jiulongensis** (H. S. Kung, Li Bing Zhang & X. S. Guo) M. H. Zhang & X. C. Zhang
2. 膜叶卷柏 **Selaginella leptophylla** Baker
3. 陕西卷柏 **Selaginella shensiensis** Christ
4. 溪木贼 **Equisetum fluviatile** L.
5. 南海瓶蕨 **Vandenboschia striata** (D. Don) Ebihara
6. 白垩铁线蕨 **Adiantum gravesii** Hance
7. 阔叶凤尾蕨 **Pteris esquirolii** Christ
8. 冷蕨 **Cystopteris fragilis** (L.) Bernh.
9. 广布铁角蕨 **Asplenium anogrammoides** Christ
10. 华南铁角蕨 **Asplenium austrochinense** Ching
11. 大盖铁角蕨 **Asplenium bullatum** Wall. ex Mett.
12. 胎生铁角蕨 **Asplenium indicum** Sledge
13. 欧亚铁角蕨 **Asplenium viride** Hudson
14. 小叶钩毛蕨 **Cyclogramma flexilis** (Christ) Tagawa
15. 翠绿针毛蕨 **Macrothelypteris viridifrons** (Tagawa) Ching
16. 西南假毛蕨 **Pseudocyclosorus esquirolii** (Christ) Ching
17. 蜘蛛岩蕨 **Woodsia andersonii** (Bedd.) Christ
18. 光岩蕨 **Woodsia glabella** R. Br. ex Richards.
19. 坡生蹄盖蕨 **Athyrium clivicola** Tagawa
20. 角蕨 **Athyrium decurrenti-alatum** (Hook.) Copel.
21. 湿生蹄盖蕨 **Athyrium devolii** Ching
22. 中华介蕨（中华对囊蕨）**Deparia chinensis** (Ching) Z. R. Wang
23. 钝羽假蹄盖蕨（钝羽对囊蕨）**Deparia conilii** (Franch. & Sav.) M. Kato

24. 大型短肠蕨（大型双盖蕨）**Diplazium giganteum** (Baker) Ching
25. 薄盖短肠蕨（薄盖双盖蕨）**Diplazium hachijoense** Nakai
26. 卵果短肠蕨（卵果双盖蕨）**Diplazium ovatum** (W. M. Chu ex Ching & Z. Y. Liu) Z. R. He
27. 薄叶双盖蕨 **Diplazium pinfaense** Ching
28. 无毛黑鳞短肠蕨（无毛黑鳞双盖蕨）**Diplazium sibiricum** var. **glabrum** (Tagawa) Sa. Kurata
29. 球子蕨 **Onoclea interrupta** (Maxim.) Ching & P. S. Chiu
30. 中华复叶耳蕨 **Arachniodes chinensis** (Rosenst.) Ching
31. 秦岭贯众 **Cyrtomium tsinglingense** Ching & K. H. Shing
32. 桫椤鳞毛蕨 **Dryopteris cycadina** (Franch. & Sav.) C. Chr.
33. 京鹤鳞毛蕨 **Dryopteris kinkiensis** Koidz. ex Tagawa
34. 路南鳞毛蕨 **Dryopteris lunanensis** (Christ) C. Chr.
35. 褐鳞鳞毛蕨 **Dryopteris squamifera** Ching & S. K. Wu
36. 变异鳞毛蕨 **Dryopteris varia** (L.) Kuntze
37. 宝兴耳蕨 **Polystichum baoxingense** Ching & H. S. Kung
38. 拉钦耳蕨 **Polystichum lachenense** (Hook.) Bedd.
39. 棕鳞耳蕨 **Polystichum polyblepharum** (Roem. ex Kunze) C. Presl
40. 中华对马耳蕨 **Polystichum sinotsus-simense** Ching & Z. Y. Liu
41. 三角叶盾蕨 **Lepisorus ovatus** f. **deltoideus** (Baker) Q. K. Ding & X. C. Zhang
42. 喙叶假瘤蕨 **Selliguea rhynchophylla** (Hook.) Fraser-Jenk.

神农架国家公园石松类和蕨类植物区系分析

摘　要：基于野外考察和室内标本研究，对神农架地区石松类和蕨类植物的多样性进行了初步分析。神农架为华中地区海拔最高的地区，地处南北和东西植物区系过渡地段，石松类和蕨类植物丰富。本研究主要的调查分析结果如下：（1）神农架国家公园至少分布着石松类和蕨类植物 295 种（含种下等级），分属于 22 科、68 属；其中，优势科为鳞毛蕨科 Dryopteridaceae、凤尾蕨科 Pteridaceae、水龙骨科 Polypodiaceae 和蹄盖蕨科 Athyriaceae；优势属为耳蕨属 Polystichum、鳞毛蕨属 Dryopteris、铁角蕨属 Asplenium、卷柏属 Selaginella、对囊蕨属 Deparia、瓦韦属 Lepisorus、凤尾蕨属 Pteris 和蹄盖蕨属 Athyrium。（2）物种数目随海拔的升高先增加后减少，900～1 400 m 区段物种数目最多，分布有 17 科、44 属、146 种。（3）物种的区系地理成分可划分为 12 个类型和 3 个变型，其中以中国特有和东亚广布为主。（4）与四川峨眉山和贡嘎山及安徽黄山的比较显示，神农架与峨眉山的区系关系最为密切，区系相似性系数为 52.92%。（5）按照红色名录评估标准，神农架受威胁种有 4 个，其中国家二级保护植物 2 种。

关键词：神农架；石松类和蕨类植物；多样性；植物区系

Species diversity of lycophytes and ferns in Shennongjia National Park

Abstract: Shennongjia, which is rich in plant resources, is located in the west of Hubei Province. In this study, based on field investigation, specimen collection and identification, the diversity and floristic characteristics of lycophytes and ferns in the Shennongjia National Park were analysed. The results are as follows: (1) A total of 295 species (including subspecies and variety) of 68 genera in 22 families of lycophytes and ferns were recongnised from Shennongjia. The dominant families are Dryopteridaceae, Pteridaceae, Polypodiaceae and Athyriaceae, and the dominant genera are *Polystichum*, *Dryopteris*, *Asplenium*, *Selaginella*, *Deparia*, *Lepisorus*, *Pteris* and *Athyrium*. (2) With the ascending of the elevation, the species diversity increased first and then decreased, and it reached to the highest in the zone between 900~1 400m, where 146 species of 44 genera in 17 families were recorded. (3) The floristics of lycophytes and ferns in Shennongjia National Park can be divided into 12 types and 3 sub-types. Among them, East Asian and Chinese Endemics are the dominant floristic elements. (4) Compared with Mt. Emei and Mt. Gonggashan in Sichuan, and Mt. Huangshan in Anhui, Shennongjia and Mount Emei have the highest species coefficient of similarity (52.92%). (5) Among the lycophytes and ferns of Shennongjia National Park, 2 species are under Class II National Protection and 4 species are vulnerable species.

Key words: Shennongjia National Park; lycophytes and ferns; diversity; floristics

1. 前言

1.1 神农架地区自然地理概况

神农架位于湖北省的西部，地理位置处在中国地势第二阶梯的东部边缘，是西部高原山地向东部平原丘陵的过渡区域[1]，属于大巴山脉向东延伸的余脉，是长江与汉水干流的分水岭。神农架地区的山体主要由沉积岩组成，呈现出西南至东北走向，该地区属于北亚热带季风气候区，是亚热带气候向温带气候的过渡区域，年降水量在 800 ~ 2 500 mm。其地理范围在东经 109° 56′ ~ 110° 58′，北纬 31° 15′ ~ 31° 75′，总面积达 3 253 km^2（http://www.snj.gov.cn）；境内平均海拔 1 700 m，3 000 m 以上的山峰一共有 6 座，其中最高峰为神农顶，海拔为 3 106.2 m。该区域的海拔落差较大，发育有完整的植被垂直带谱，不同的海拔和植被类型为不同生态类型的石松类和蕨类植物提供了合适的生存环境。

1.2 神农架地区石松类和蕨类植物的研究概况

神农架地区由于独特的地理环境以及受第四纪冰川运动的影响较小，使得该区域成为我国华中亚热带地区主要的生物多样性分布中心，曾经吸引了国内外众多的植物学家前来采集植物标本，因此，神农架地区拥有复杂的采集历史。19 世纪 80 年代，爱尔兰植物学家 Augustine Henry 来到宜昌任职，其间曾在湖北多地采集植物标本，共发现 500 余个新种。他的采集地也包括神农架地区，此外他也是最早来到神农架地区采集植物标本的人；其次在 20 世纪初，英国植物学家 E. H. Wilson 是第二个来到神农架地区采集的人；20 世纪 20 年代，我国学者陈焕镛、钱崇澍和秦仁昌才开始对神农架地区的植物进行考察。新中国成立以后，神农架及周边地区的植被也曾多次被考察和采集。1976 ~ 1977 年的神农架考察队采集了 2 万多份标本；1980 年的中美联合鄂西植物考察队采集了 3 万余份标本；此外，李洪钧、傅国勋等在 20 世纪 50 年代也分别在神农架地区采集到了数千份标本[2~4]。

作为维管植物中的第二大类群，石松类和蕨类植物的起源古老，但现生的石松类和蕨类植物大多是伴随着被子植物的兴起形成的荫蔽环境而进行分化和物种形成的[5]。因此，石松类和蕨类植物在地球的生态系统中扮演着重要的角色，也是神农架地区植物多样性的重要组成部分。神农架地区作为 29 种石松类和蕨类植物的模式产地[6]，究竟拥有多少种石松类和蕨类植物，一直尚无定论。中美联合鄂西植物考察队 1983 年出版的神农架植物考察报告中记载了神农架地区石松类和蕨类植物有 24 科 51 属 131 种，其中发表新种 13 个[7]。石世贵等 (1997) 曾根据 1978 年秦仁昌系统，整理出神农架蕨类植物共计 36 科 74 属 317 种[8]。蒋道松等（2000）曾报道神农架地区有蕨类植物 34 科 75 属 308 种[9]。姜治国等（2010）对神农架国家级自然保护区植物资源进行调查时，统计出蕨类植物有 34 科 75 属 297 种[10]。2011 ~ 2013 年开展的第四次全国中药资源普查及本底调查中，共统计神农架地区蕨类植物有 38 科 85 属 289 种[11]。随着对神农架地区调查的不断深入，近些年还发表了该地区蕨类植物的 3 个新种：神农岩蕨 (Woodsia shennongensis)、新正宇耳蕨 (Polystichum neoliuii)[12] 和湖北耳蕨 (Polystichum hubeiense)[13]。此外，谢丹等（2018）发表的 7 种湖北省蕨类植物新记录均产自神农架林区[14]。韦宏金等（2021）通过整理上海辰山植物标本馆 (CSH) 馆藏的一些石松类和蕨类植物标本，发表了 8 种湖北省石松类和蕨类植物新记录，其中有 5 种分布在神农架林区[15]。此外，随着分子系统学的不断发展，部分石松类和蕨类植物的科属概念发生了较大的变化，因此我们有必要结合最新的分类系统以及考察结果，对该地区石松类和蕨类植物的多样性进行统计分析。

本研究基于两次野外考察以及大量的标本数据，参考 PPG Ⅰ系统（2016）[16]和最新研究结果，整理出了神农架国家公园的石松类和蕨类植物名录，并对其进行了多样性分析，旨在为该地区物种的保护提供科学的依据。

2. 数据获取和分析方法

2.1 数据获取

2021 年 6 月和 9 月，我们对神农架地区进行了两次全面的野外考察，考察范围主要包括神农架林区的木鱼镇、大九湖镇、阳日镇、下谷坪土家族乡、宋洛乡等地以及周边邻近地区的保康县、兴山县、巫溪县、竹山县、竹溪县等地，共采集石松类和蕨类植物的标本 2 000 余份。通过对这些标本进行鉴定和查阅《中国植物志》[17]、《秦岭植物志》[18]、《神农架植物志》[19]、国家植物标本资源库（http://www.cvh.ac.cn）、1980 年中美联合鄂西植物考察队编写的考察报告等相关的数据和资料，参考 PPG Ⅰ系统，并结合最新的研究结果，整理出了神农架国家公园石松类和蕨类植物的名录。

2.2 分析方法

根据“国家植物标本资源库”神农架林区石松类和蕨类植物的标本采集记录以及 2021 年我们在神农架地区进行考察时的标本采集记录，对神农架地区的石松类和蕨类植物进行海拔统计。其中有 18 个种没有海拔记录，因此在海拔统计中没有包括这些物种。以 500 m 为一个海拔区段，一共划分了 7 个区段。由于神农架地区海拔在 400 m 以下的区域面积较小，因此在划分海拔区段时，将海拔小于 400 m 的区域划为一个区段；由于 2 900 m 以上的物种数量很少，因此将海拔高于 2 900 m 的区域划为一个区段。区系地理成分的划分结合了神农架地区石松类和蕨类植物的实际地理分布特点，并参考了陆树刚（2004）[20]对中国石松类和蕨类植物属的地理成分划分以及吴征镒等（2010）[21]对中国种子植物的区系地理成分划分。选取黄山[22]、峨眉山[23]和贡嘎山[24]作为比较对象，采用 Sprenson 相似性系数 $Ss=[2c/(A+B)]\times 100\%$[25]（$Ss$ 为相似性系数，c 为两地共有的种数，A 和 B 分别为两地的总种数），来讨论神农架地区与其他地区植物区系之间的相似性程度。为了使物种概念得到统一、结果更加准确，我们参考了 PPG Ⅰ系统，并结合最新的研究结果对上述各地区石松类和蕨类植物的所有物种进行了整理。

3. 结果与分析

3.1 神农架地区石松类和蕨类植物科、属的统计

统计结果显示，神农架地区石松类和蕨类植物共有 22 科、68 属、295 种（含种下等级）（表 1）。周喜乐等（2016）根据 *Flora of China* 和最新的分子研究结果，统计出中国现有石松类和蕨类植物共 40 科、178 属、2 270 种，其中湖北省有 29 科、80 属、372 种[26]。根据以上数据，神农架地区的石松类和蕨类植物分别占全国石松类和蕨类植物科的 55.00%、属的 38.20%、种的 13.00%；分别占湖北省石松类和蕨类植物科的 75.86%、属的 85.00%、种的 79.30%。

表 1 科的大小排列顺序

Table 1 Number of genera and species in each family

科名	属数	种数	科名	属数	种数
鳞毛蕨科 Dryopteridaceae	5	75	球子蕨科 Onocleaceae	3	4
凤尾蕨科 Pteridaceae	9	41	膜蕨科 Hymenophyllaceae	3	4
水龙骨科 Polypodiaceae	10	39	冷蕨科 Cystopteridaceae	2	4
蹄盖蕨科 Athyriaceae	4	34	里白科 Gleicheniaceae	2	3
铁角蕨科 Aspleniaceae	2	19	乌毛蕨科 Blechnaceae	2	3
金星蕨科 Thelypteridaceae	10	17	紫萁科 Osmundaceae	1	3
卷柏科 Selaginellaceae	1	15	肿足蕨科 Hypodematiaceae	1	2
碗蕨科 Dennstaedtiaceae	4	8	海金沙科 Lygodiaceae	1	1
石松科 Lycopodiaceae	2	6	鳞始蕨科 Lindsaeaceae	1	1
瓶尔小草科 Ophioglossaceae	2	5	肾蕨科 Nephrolepidaceae	1	1
木贼科 Equisetaceae	1	5			
岩蕨科 Woodsiaceae	1	5	总计	68	295

3.1.1 科的组成情况

根据科内所包含属的数目进行统计分析，结果如下：在神农架地区石松类和蕨类植物的 22 个科中，含有 10 属以上的科共有 2 个，分别是水龙骨科 Polypodiaceae 和金星蕨科 Thelypteridaceae。这两个科共包含 20 属、56 种植物，分别占神农架地区石松类和蕨类植物科的 9.09%、属的 29.41%、种的 18.98%。表明这两个科的植物演化水平较高，因此科内属的分化程度也相应较高。此外，含有 2 ~ 9 个属的科共有 12 个，仅含有 1 个属的科共有 8 个，二者分别占神农架地区石松类和蕨类植物科的 54.55% 和 36.36%。虽然该地区绝大多数的科只含有较少的属，但是这极大地丰富了该地区科的种类。

表 2 科内所含物种数目的统计

Table 2 Statistics on the number of species by families

科内种数	科数	包含种数
≥ 30	4	189
10 ~ 29	3	51
2 ~ 9	12	52
1	3	3
总计	22	295

根据科内所含种数的多少进行统计分析（表 2），结果如下：共有 4 个科所含的物种数目≥ 30；有 3 个科的物种数目介于 10 和 29 之间；含有 10 个种以下的科最多，共有 15 个。由此可见，神农架地区石松类和蕨类植物的科中有一半以上的科含有 10 个以下的种。虽然神农架地区的鳞毛蕨科含有较少的属，但却是该地区所含物种数目最多的科，该科一共包含 75 个种，占全部种的 25.42%。

综上所述，将神农架地区石松类和蕨类植物中大于 30 种的科定义为优势科，则该地区的优势科一共有 4 个，按照所含的物种数目由多到少依次为鳞毛蕨科（75 种）、凤尾蕨科（41 种）、水龙骨科（39 种）和蹄盖蕨科（34 种）；这 4 个科一共包含了 28 个属、189 种，分别占神农架地区石松类和蕨类植物总属数的 41.18%、总种数的 64.07%（表 3）。

表 3 优势科的统计

Table 3 Statistics on the dominant families

科名	属数（占总属数的百分比）	种数（占总种数的百分比 /%）
鳞毛蕨科 Dryopteridaceae	5（7.35%）	75（25.42%）
凤尾蕨科 Pteridaceae	9（13.24%）	41（13.09%）
水龙骨科 Polypodiaceae	10（14.71%）	39（13.22%）
蹄盖蕨科 Athyriaceae	4（5.88%）	34（11.53%）
总计	28（41.18%）	189（64.07%）

3.1.2 属的组成情况

表 4 属内所含物种数目的统计

Table 4 Statistics on the number of species by genera

属内种数	属数	包含种数
≥ 10	8	146
5 ~ 9	9	57
2 ~ 4	27	68
1	24	24
总计	68	295

神农架地区绝大多数属所含有的物种数量在 10 种以下（表 4）。其中含有 5 ~ 9 个种的属一共有 9 个，这 9 个属共包含 57 种，分别占神农架地区石松类和蕨类植物总属数的 13.24%、总种数的 19.32%。含有 2 ~ 4 个种的属最多，一共有 27 个，包含 68 种，分别占神农架地区石松类和蕨类植物总属数的 39.71%、总种数的 23.05%。单种属有 24 个，占该地区总属数的 35.29%。不同属之间的分化程度不一样，因此可能拥有着不同的生态类型，占据着不同的生态位，而神农架地区这些众多的单种属和寡种属（含 2 ~ 4 种的属）恰恰可以说明该地区石松类和蕨类植物的多样性之高。将神农架地区所含种数大于 10 的属定义为优势属，则该地区的优势属共有 8 个（表 5），按照物种数目由多到少依次为耳蕨属 Polystichum、鳞毛蕨属 Dryopteris、铁角蕨属 Asplenium、卷柏属 Selaginella、对囊蕨属 Deparia、瓦韦属 Lepisorus、凤尾蕨属 Pteris 和蹄盖蕨属 Athyrium。这 8 个优势属一共包含 146 个种，分别占该地区石松类和蕨类植物总属数和总种数的 11.76% 和 49.49%。

表 5 优势属的统计

Table 5 Statistics on the dominant genera

属名	种数	占总种数的百分比 /%
耳蕨属 Polystichum	34	11.53%
鳞毛蕨属 Dryopteris	30	10.17%
铁角蕨属 Asplenium	18	6.10%
卷柏属 Selaginella	15	5.08%

续表

属名	种数	占总种数的百分比 /%
对囊蕨属 Deparia	13	4.41%
瓦韦属 Lepisorus	13	4.41%
凤尾蕨属 Pteris	12	4.07%
蹄盖蕨属 Athyrium	11	3.73%
总计	146	49.49%

3.2 海拔与物种数量的关系

物种的垂直分布格局明显受海拔的影响，不同类群的植物随着海拔的变化有着不同的分布规律。例如，Michael Kessler（2000）曾经分析了玻利维亚安第斯山脉中部的爵床科 Acanthaceae，天南星科 Araceae，凤梨科 Bromeliaceae，仙人掌科 Cactaceae，野牡丹科 Melastomataceae 和蕨类植物的物种丰富度与海拔梯度之间的关系，发现物种丰富度随海拔的升高有 3 种主要的分布格局：爵床科植物的物种丰富度单调递减；陆生凤梨科和仙人掌科植物的物种丰富度先减少后增加；其他的研究对象则先增加后减少[27]。

在统计了神农架地区不同海拔区段石松类和蕨类植物的物种数量之后（图 1），可以明显地看到：随着海拔的升高，该地区石松类和蕨类植物的物种数量先迅速增加然后缓慢减少，其中，中低海拔区段的物种数量最多。海拔 400 m 以下分布的物种数量很少，可能是因为该地区海拔在 400 m 以下的区域面积比较少或者是因为低海拔地区人类活动频繁，对石松类和蕨类植物的繁殖产生了较大的负面影响。当海拔升高到 900 ~ 1 400 m 时，物种数量最多，共 17 科、44 属、146 种，占该地区统计的总种数的 52.71%。随着海拔的继续升高，物种数量呈现缓慢减少的趋势，当海拔达到 2 900 m 以上时，只有 5 种石松类和蕨类植物，分别是：峨眉蹄盖蕨 Athyrium omeiense、尾叶耳蕨 Polystichum thomsonii、光岩蕨 Woodsia glabella、穆坪耳蕨 Polystichum moupinense、高山珠蕨 Cryptogramma brunoniana。

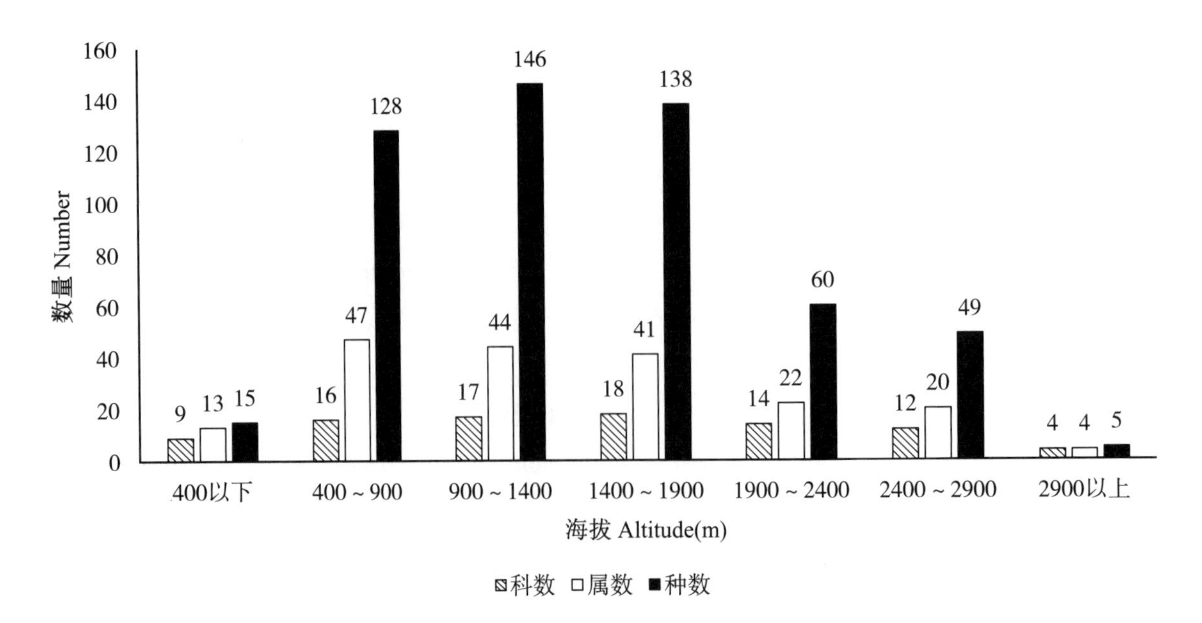

图 1 不同海拔梯度石松类和蕨类植物科、属、种的数量

Fig.1 Number of families, genera and species at different altitudinal zones

3.3 区系分布类型

神农架地区石松类和蕨类植物区系类型丰富多样，该地区除旧大陆温带分布类型以外，共可划分为12种类型和3个变型（表6）。其中世界分布型包括铁线蕨 Adiantum capillus-veneris、蕨 Pteridium aquilinum var. latiusculum、铁角蕨 Asplenium trichomanes 等7种，在计算百分比时并未将其包括在内。此外，该地区热带成分共39种，占非世界分布总种数的13.54%；温带成分共249种，占非世界分布总种数的86.46%，可见该地区的石松类和蕨类植物具有明显的温带性质（*R*/*T*=0.16）。

在温带成分中，东亚分布型的物种数目最多，共106种，占非世界分布总种数的36.81%。东亚分布型一般是指从喜马拉雅地区经过中国一直分布到日本的类型，该类型又可分为东亚广布、中国－喜马拉雅分布和中国－日本分布三个变型。在这三个变型中，又以东亚广布为主，共69种，占非世界分布总种数的23.61%。温带亚洲分布的范围一般包括亚洲亚热带高山地区和温带地区，日本北部也包括在内；属于该分布类型的物种也比较多，一共有59种，占非世界分布总种数的20.49%。由此可见，神农架地区石松类和蕨类植物区系与日本的关系较为密切。

神农架地区的中国特有分布类型也比较多，包括荚囊蕨 Struthiopteris eburnea、神农岩蕨 Woodsia shennongensis、草叶耳蕨 Polystichum herbaceum 等在内的共70种，占该地区非世界分布总种数的24.31%。

表6 神农架地区石松类和蕨类植物的分布类型

Table 6 Distribution patterns of lycophytes and ferns in Shennongjia

序号	分布类型	种数	百分比/%
1	世界分布	7	—
2	泛热带分布	3	1.04
3	旧大陆热带分布	3	1.04
4	热带亚洲和热带美洲分布	1	0.35
5	热带亚洲至热带大洋洲分布	7	2.43
6	热带亚洲至热带非洲分布	1	0.35
7	热带亚洲分布	24	8.33
	热带成分总计（2～7）	（39）	（13.54）
8	北温带分布	12	4.17
9	东亚和北美间断分布	2	0.69
10	温带亚洲分布	59	20.49
11	东亚分布	（106）	（36.81）
11.1	东亚广布	69	23.61
11.2	中国－喜马拉雅分布	30	10.42
11.3	中国－日本分布	7	2.43
12	中国特有分布	70	24.31
	温带成分总计（8～12）	（249）	（86.46）
	总计	295	100

3.4 相似性系数比较

利用相似性系数，把神农架地区与其他地区的石松类和蕨类植物进行比较，可以有效地反映出它们之间植物区系的相关程度。由表 7 可以看出神农架地区与其他 3 个地区石松类和蕨类植物之间的相似性系数。

神农架地区的石松类和蕨类植物与峨眉山的关系最为密切，相似性系数为 52.92%，其次是与贡嘎山的关系，相似性系数 45.12%。神农架地区与黄山石松类和蕨类植物的关系最弱，相似性系数为 39.26%。

表 7 神农架与国内其他地区相似性系数的比较

Table 7 Comparison of floristic similarity coefficients between Shennongjia and other regions in China

地区	总种数	共有种数	相似性系数
神农架	288	—	—
黄山	145	85	39.26%
贡嘎山	306	134	45.12%
峨眉山	396	181	52.92%

注：共有种数和总种数均不含世界分布型

Note: Cosmopolitan excluded.

3.5 珍稀与濒危的石松类和蕨类植物

根据国家林业和草原局、农业农村部 2021 年 9 月公布的《国家重点保护野生植物名录》，神农架地区的石松类和蕨类植物中，共有 2 种国家二级保护植物：千层塔 Huperzia javanica 和峨眉石杉 Huperzia emeiensis。参考严岳鸿等（2013）[28] 根据 IUCN 濒危物种等级评估系统的评估结果，发现神农架地区受威胁的石松类和蕨类植物共有 4 种。其中易危（VU）物种有 3 种：千层塔、峨眉石杉和槲蕨 Drynaria roosii；濒危（EN）物种有 1 种：东京鳞毛蕨 Dryopteris tokyoensis。统计结果还表明该地区没有极危（CR）物种。在 2021 年的两次野外考察中，我们只采集到了千层塔的标本，并没有见到峨眉石杉的居群，其生存现状有待进一步考察。

4. 结论与讨论

神农架地区石松类和蕨类植物种类非常丰富，共 22 科、68 属、295 种，是该地区生物多样性的重要组成部分。鳞毛蕨科、凤尾蕨科、水龙骨科和蹄盖蕨科是该地区的优势科；耳蕨属、鳞毛蕨属、铁角蕨属、卷柏属、对囊蕨属、瓦韦属、凤尾蕨属和蹄盖蕨属是该地区的优势属。

神农架地区的石松类和蕨类植物有着明显的垂直分布格局，随着海拔的升高，物种丰富度呈先快速增加后缓慢减少的趋势。物种数量在海拔 900 ~ 1 400 m 的区段最多，共 17 科、44 属、146 种，占该地区有海拔记录总种数的 52.71%。较低海拔区域内物种多样性低的原因之一是受人类活动的影响较大；而高海拔地区多样性低很有可能是因为气候条件比较恶劣，不适宜石松类和蕨类植物的生长和繁殖。

神农架地区石松类和蕨类植物的区系地理成分共可划分为 12 种类型和 3 个变型。其中，温带成分总计 249 种，占非世界分布总种数的 86.46%，可见该区系具有明显的温带性质。通过相似性系数比较发现，神农架地区的石松类和蕨类植物与峨眉山的关系最为密切，相似性系数为 52.92%；与黄山的关系最弱，相似性系数为 39.26%，这可能是由于神农架地处中国华中地区，而黄山则处于华东地区，两地相距较远，且黄山更靠近海岸线，受东南海洋季风的影响更显著。

研究还发现神农架地区的石松类和蕨类植物中，千层塔和峨眉石杉被列为国家二级保护植物；千层塔、峨眉石杉、槲蕨和东京鳞毛蕨 4 种生存状况受到了威胁，对于这些珍稀濒危的植物，应开展更加全面的调查以评估其生存现状、分析其濒危原因，从而采取更加有效的保护措施。

参考文献

[1] 徐文婷，谢宗强，申国珍，等 . 神农架自然地域范围的界定及其属性 . 国土与自然资源研究，2019(03)：42–46.

[2] 谢丹，王玉琴，张小霜，等 . 神农架国家公园植物采集史及模式标本名录 . 生物多样性，2019，27(02): 211–218.

[3] 乔秀娟，姜庆虎，徐耀粘，等 . 湖北自然植被概况：植被研究历史、分布格局及其群落类型 . 中国科学：生命科学，2021，51(03)：254–263.

[4] 中国科学院中国植物志编辑委员会 . 中国植物志（第 1 卷）. 北京：科学出版社，2004：658–732.

[5] HARALD SCHNEIDER, ERIC SCHUETTPELZ, KATHLEEN M. PRYER, et al. Ferns diversified in the shadow of angiosperms. Nature, 2004, 428: 553–557.

[6] 谢宗强，熊高明 . 神农架模式标本植物：图谱・题录 . 北京：科学出版社，2020：1–704.

[7] BARTHOLOMEW B., BOUFFORD D. E., CHANG A. L., et al. The 1980 Sino-American botanical expedition to western Hubei province, People's Republic of China. Journal of the Arnold Arboretum, 1983, 64: 17–39.

[8] 石世贵，潘洪林，詹亚华，等 . 中国神农架蕨类植物概况 . 武汉植物学研究，1997(04)：336–340.

[9] 蒋道松，陈德懋，周朴华 . 神农架蕨类植物科的区系地理分析 . 湖南农业大学学报，2000(03)：171–177.

[10] 姜治国，王大兴，杨敬元，等 . 神农架国家级自然保护区植物资源调查研究 . 湖北林业科技，2010(05)：35–38.

[11] 谢丹，张成，张梦华，等 . 湖北单子叶植物新记录 . 西北植物学报，2017，37(04)：815–819.

[12] 蒋道松，周朴华，陈德懋 . 神农架蕨类植物二新种 . 湖南农业大学学报，2000(02)：88–89.

[13] Liang ZHANG, Zhang-Ming ZHU, Xin-Fen GAO1, et al. Polystichum hubeiense (Dryopteridaceae), a new fern species from Hubei, China. Annales Botanici Fennici, 2014, 50(50): 107–110.

[14] 谢丹，吴名鹤，张博，等 . 湖北蕨类植物新记录 . 广西植物，2018，38(11)：1480–1485.

[15] 韦宏金，王正伟，陈彬 . 湖北省石松类和蕨类植物分布新记录 8 种 . 植物资源与环境学报，2021，30(04)：72–74.

[16] PPG Ⅰ. A community-derived classification for extant lycophytes and ferns. Journal of Systematics and Evolution, 2016, 54(06): 563–603.

[17] 中国科学院中国植物志编辑委员会 . 中国植物志（2–6 卷）. 北京：科学出版社，1959–2004.

[18] 郭晓思，徐养鹏 . 秦岭植物志（第 2 卷）. 北京：科学出版社，2013：17–279.

[19] 邓涛，张代贵，孙航 . 神农架植物志：（第 1 卷）. 北京：中国林业出版社，2018：19–196.

[20] 陆树刚 . 植物科学进展（第 6 卷）. 北京：高等教育出版社，2004：29–42.

[21] 吴征镒，孙航，周浙昆，等 . 中国种子植物区系地理 . 北京：科学出版社，2010：120–314.

[22] 金冬梅，严岳鸿 . 华东石松类与蕨类植物多样性编目 . 杭州：浙江大学出版社，2022：1–185.

[23] 峨眉山植物编委会 . 峨眉山植物 . 北京：北京科学技术出版社，2007：161–208.

[24] 胡佳玉，蒋勇，王宇，等 . 贡嘎山石松类和蕨类植物的多样性与海拔分布 . 广西植物，2022，42(02)：220–227+1–9.

[25] 张镱锂 . 植物区系地理研究中的重要参数——相似性系数 . 地理研究，1998(04)：94–99.

[26] 周喜乐，张宪春，孙久琼，等 . 中国石松类和蕨类植物的多样性与地理分布 . 生物多样性，2016，24(01)：102–107.

[27] MICHAEL KESSLER. Elevational gradients in species richness and endemism of selected plant groups in the central Bolivian Andes. Plant Ecology, 2000, 149: 181–193.

[28] 严岳鸿，张宪春，马克平 . 中国蕨类植物多样性与地理分布 . 北京：科学出版社，2013：91–308.

标本馆代码

A：Herbarium of the Arnold Arboretum

PE：中国科学院植物研究所标本馆

BNU：北京师范大学生命科学学院植物标本室

CSH：上海辰山植物标本馆

HIB：中国科学院武汉植物园标本馆

JIU：吉首大学生物系植物标本馆

JJF：九江森林植物标本馆

KUN：中国科学院昆明植物研究所标本馆

NAS：江苏省中国科学院植物研究所标本馆

SZG：深圳市中国科学院仙湖植物园植物标本馆

BJFC：北京林业大学博物馆

CCAU：华中农业大学博物馆植物标本室

CDBI：中国科学院成都生物研究所植物标本馆

HUST：湖南科技大学生命科学学院植物标本馆

野外工作照

鄂E·EJ971

神农

中文名称索引

K

L

M

N

O

P

Q

R

S

T

W

拉丁学名索引

D

E

G

H

R

S

T

V

W